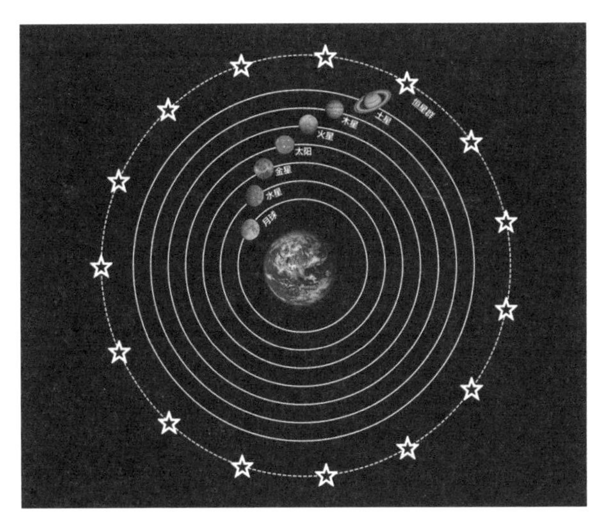

古希腊哲学家亚里士多德认为，天体的运动是永恒的、匀速的、完美的圆周运动，他试图通过天球的组合来解释天体的运动。这个组合模型组成了“九重天”，依次是月亮天、水星天、金星天、太阳天、火星天、木星天、土星天、恒星天和原动天。所有的星体都镶嵌在相应的天球上，宇宙的边界是原动天，虽然原动天静止不动，但它是第一推动力，首先推动恒星天转动，恒星天又带动所有天球围绕地球转动，地球作为旋转中心是静止不动的。

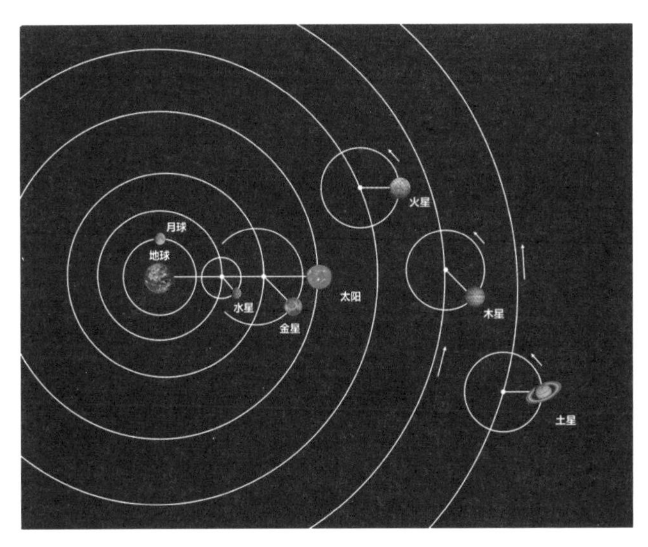

公元 2 世纪，天文学家托勒密发展了亚里士多德的地心说，建立起一个比较严密的数学宇宙体系。在托勒密的宇宙体系中，既要保留行星的匀速圆周运动，又要能够解释行星的视运动。他创造性地引入“本轮—均轮”模型，即行星绕其本轮逆时针匀速转动，本轮的中心又在其均轮上逆时针匀速转动，位于地球上的观察者可以同时看到这两种匀速运动的组合。

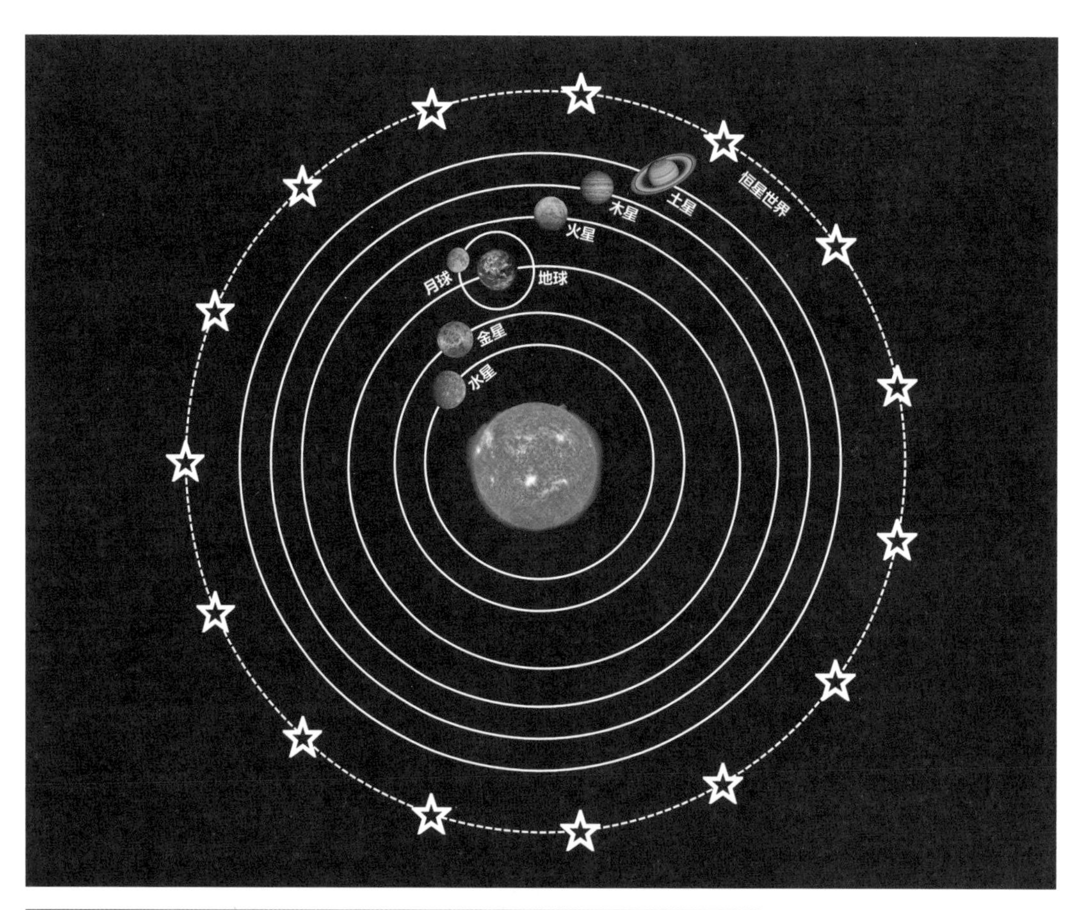

公元16世纪，波兰数学家和天文学家尼古拉·哥白尼在其著作《天体运行论》中提出宇宙日心体系。他认为，太阳是宇宙的中心，地球和其他行星依次在各自的轨道上绕太阳公转，月球是围绕地球转动的卫星，地球带着月球一起绕太阳公转，我们看到的日月星辰东升西落现象其实是地球自转的反映。

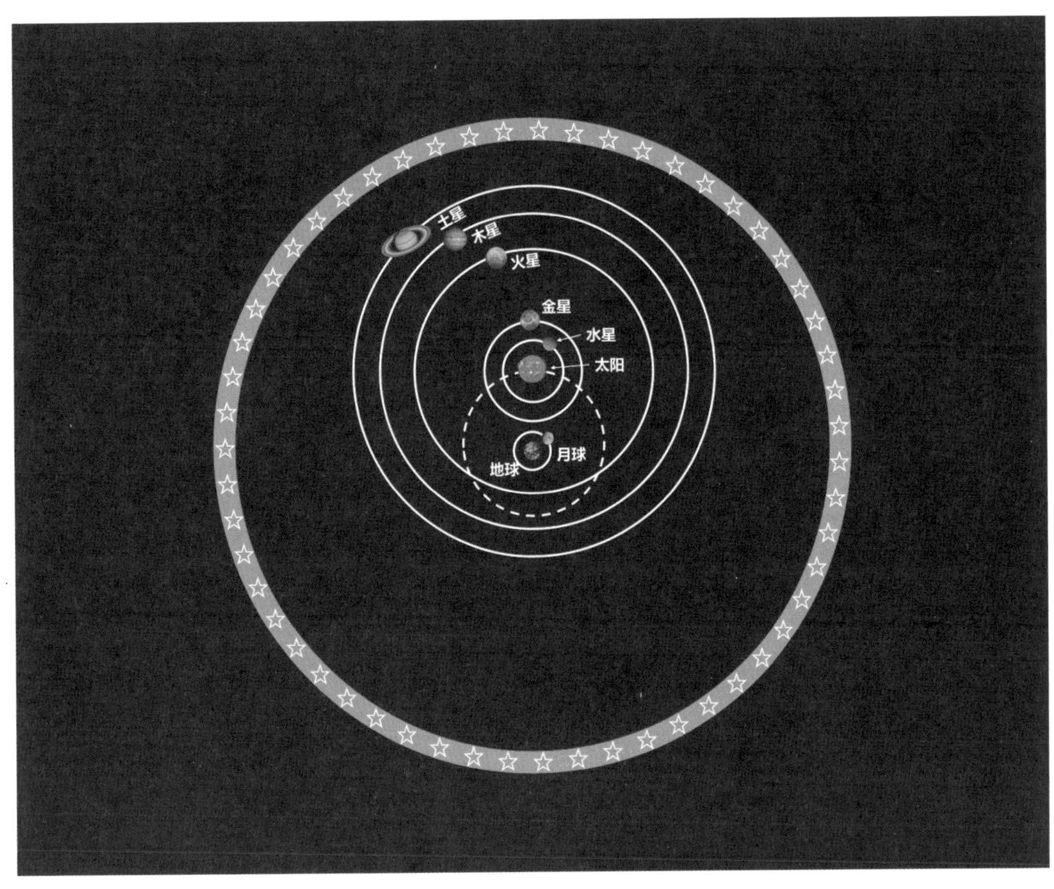

第谷·布拉赫是16世纪下半叶欧洲杰出的天文学家。凭借着无与伦比的观测禀赋，第谷将观测天文学发展到前所未有的水平。虽然他在宇宙观上既不赞同托勒密体系也不承认哥白尼体系，但是他的天文观测工作却对日心体系的巩固和发展起到了非常重要的作用。第谷在天文观测方面的最大成就，就是为天文学带来了对事实的尊重。他最引以为自豪的是提出了被称为“第谷体系”的宇宙图景：地球静止，位于中心，周围环绕着月亮和太阳，五颗行星是太阳的卫星，并且在太阳的带动下绕地球旋转。在最远的行星到达的地方之外是一层很薄的空间外壳，这个外壳以地球为中心，恒星就在这个外壳上。

约翰尼斯·开普勒，德国杰出的天文学家、物理学家和数学家。他通过对火星观测数据的推算，提出火星运行轨道是椭圆而不是正圆，进而大胆地将从火星得出的规律推广到所有行星。1609年，开普勒出版了《新天文学》，在书中发表了行星运动的第一定律（椭圆定律）和第二定律（面积定律）。开普勒第三定律则出现在1619年出版的《世界的和谐》一书中。

伽利略·伽利雷，意大利物理学家和天文学家。他开创了以观察和实验为基础、具有严密逻辑推理和数学表述形式的近代科学，被后人誉为“近代科学之父”。伽利略于1610年1月7日用自制的望远镜首次发现木星拥有卫星。1632年，伽利略的《关于托勒密和哥白尼两大世界体系的对话》出版，就哥白尼宇宙学的优点给出了精彩的陈述。1638年伽利略出版了《关于两门新科学的对谈》，在书中讨论了物质结构和运动定律这两个物理学的基本问题，奠定了物体运动的数学基础。

艾萨克·牛顿，英国著名的物理学家。在力学上，牛顿阐明了动量和角动量守恒定律，提出力学运动定律；在光学上，牛顿精确地完成了光的色散实验，为光学的理论和实践开拓了新的基础。牛顿的科学思维方法是他贡献给人类的宝贵精神财富，他通过奠定力学自身的公理基础将力学确立为一门独立的科学，可以说牛顿为整个自然科学领域开创了新的前景。

詹姆斯·克拉克·麦克斯韦，英国物理学家、数学家。他概括和发展了电磁理论，对分子运动论和统计物理学的发展起到了举足轻重的作用。1873 年，麦克斯韦发表了他的电磁理论集大成之作《电磁通论》。电磁理论表明，电与磁不能孤立地存在，哪里有电，哪里就有磁；哪里有磁，哪里就有电。电粒子的振荡产生电磁场，电磁场由振源以固定的速度 c 向外辐射电磁波。麦克斯韦进一步预言光由电粒子振荡产生，所以也是一种电磁辐射。（左 1 为麦克斯韦雕像，左 2 为本书作者，左 3 为法拉第雕像）

玛丽·居里，又称“居里夫人”，著名波兰裔法国科学家、物理学家、化学家。1903年，居里夫妇和贝克勒尔由于对放射性的研究而共同获得诺贝尔物理学奖，1911年，居里夫人因发现钋元素和镭元素获得诺贝尔化学奖。居里夫人是世界上第一个两次获得诺贝尔奖的人，也是首位获得诺贝尔奖的女性。她创立了放射化学，是原子核物理学的奠基人。在她的指导下，人们第一次将放射性同位素用于癌症治疗。居里夫人不仅培养了两个优秀的女儿，还培养了许多优秀的科学家。她在巴黎和华沙所创办的居里研究所至今仍是重要的医学研究中心。

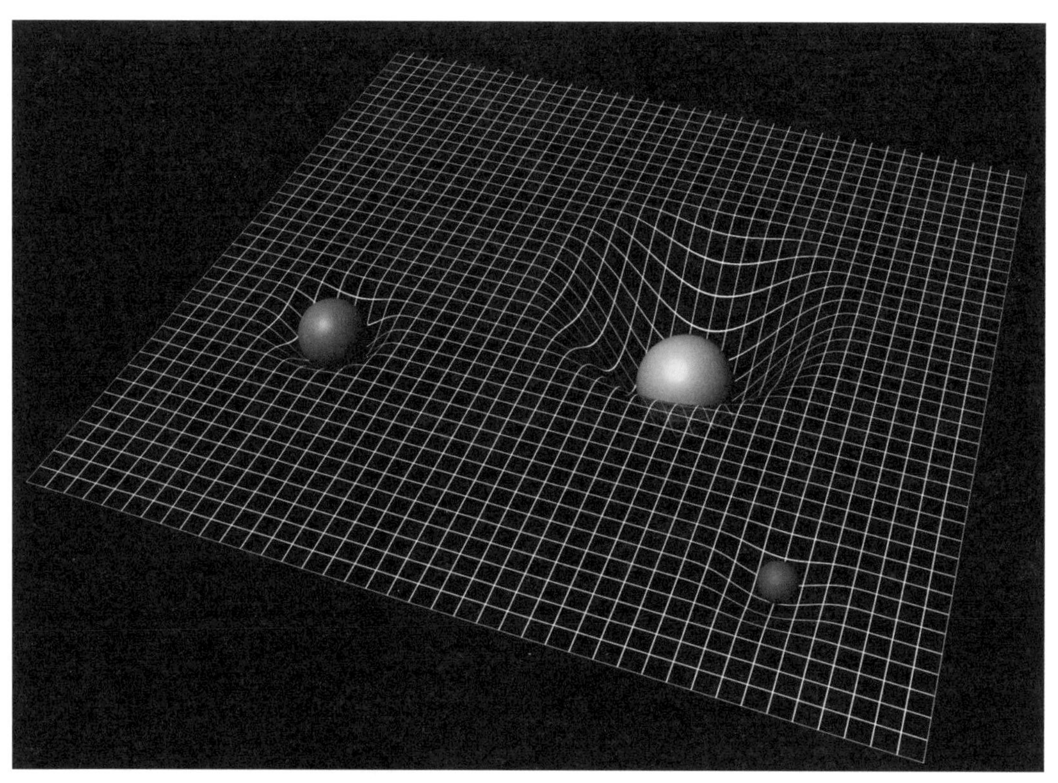

阿尔伯特·爱因斯坦，20世纪最伟大的科学家和思想家之一，是现代科学的奠基者和缔造者。他于1905年提出狭义相对论，1915年提出广义相对论。著名物理学家玻恩这样评价广义相对论："广义相对论是人类认识大自然的最伟大的成果。它把哲学的深奥、物理学的直观和数学的技艺令人惊叹地结合在一起。它也是一件伟大的艺术品。"近几十年来，广义相对论迅速发展，在空间物理、天体物理、宇宙学等方面取得了巨大进步，加速了人类对宇宙的探索进程。

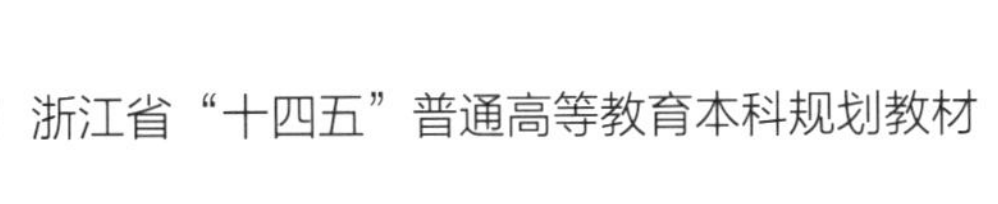

浙江省普通高校“十三五”新形态教材

HISTORY OF SCIENCE and Technology

科学技术史

米丽琴 /编著

ZHEJIANG UNIVERSITY PRESS
浙江大学出版社
·杭州·

图书在版编目（CIP）数据

科学技术史 / 米丽琴编著. —杭州：浙江大学出版社，2022.6(2025.1 重印)
ISBN 978-7-308-22585-4

Ⅰ.①科… Ⅱ.①米… Ⅲ.①自然科学史—世界 Ⅳ.①N091

中国版本图书馆 CIP 数据核字(2022)第 077769 号

科学技术史
KEXUE JISHUSHI
米丽琴 编著

责任编辑 郑成业
责任校对 高士吟
封面设计 春天书装
出版发行 浙江大学出版社
(杭州市天目山路 148 号 邮政编码 310007)
(网址：http://www.zjupress.com)
排　　版 杭州青翊图文设计有限公司
印　　刷 杭州高腾印务有限公司
开　　本 787mm×1092mm 1/16
印　　张 11
插　　页 8
字　　数 291 千
版 印 次 2022 年 6 月第 1 版 2025 年 1 月第 4 次印刷
书　　号 ISBN 978-7-308-22585-4
定　　价 48.00 元

前　　言

科学技术是人类认识自然的伟大实践活动之一，是先进生产力的集中体现和主要标志，也是当今社会和经济发展的主要原动力。科学技术史是一门研究科学技术历史发展及其客观规律的学科。通过探讨科学技术产生和发展的社会历史条件，研究其对人类社会的推动作用，揭示科学技术发展的内在规律。

科学技术史作为一门独特的历史学科，架起了自然科学与社会科学之间的桥梁，是一门综合性科学。党的二十大提出了“加强国家科普能力建设，提升公民科学文化素质，营造实现高水平科技自立自强、建设科技强国的良好社会氛围”的战略目标。为实现这一目标，全面提升大学生的科学文化素养，浙江工业大学于2013年开设了“科学技术史”通识教育核心课程。

为了做好科学技术史课程的教学工作，我们采用了线上线下相结合的教学模式。2021年，课程被认定为浙江省一流本科课程。本教材作为课程的配套教材，于2017年获得浙江省普通高校“十三五”首批新形态教材立项，并于2024年入选浙江省“十四五”普通高等教育本科规划教材。教材采用史论结合的方式，以时间为轴线，概括并简要介绍了自然的演化、文明的起源、科学的起源以及近现代科学技术发展的主要成就、特点和发展规律，将科学技术发展的内在逻辑规律与对社会、政治和经济的推动作用结合起来，将科学家杰出的贡献与人格魅力、科学精神的学习结合起来，将世界科学发展脉络与中国科学技术的崛起和发展结合起来，激发学生投身祖国科学事业的价值追求，全面落实立德树人的根本任务。

为了方便读者更好地阅读理解本教材，我们在书中嵌入了多媒体资源和讲解视频，扫描二维码即可查看。

本教材的出版得到了国家自然科学基金项目(批准号:12175198)的资助，浙江工业大学教务处、物理学院及编著者的家人给予了大力支持和鼓励，浙江大学出版社也为本书的出版做了大量工作，在此特向他们表示衷心的感谢。

本教材涉及内容广泛，限于作者的知识和水平，难免存在疏漏之处，恳请专家和读者批评指正。

米丽琴

2025年1月

目　　录

第一章 自然的演化过程

人类早在有历史记录之前就已经存在。在人类历史的绝大部分时间里，人们都认为地球是宇宙的中心，日月星辰围绕地球而动。面对着浩瀚无垠的宇宙太空，地球上的人类不禁会产生种种疑虑：人类赖以生存的地球从何而来？为什么太阳如此温暖？皎洁的月亮为什么绕着地球转？海水为何会涨落？日月星辰由谁来布局？古希腊哲学家亚里士多德认为：月下世界由四种元素组成，这四种元素是土、水、气、火，土向下运动，火向上运动，水和气位于土和火之间。月上世界则是由另一种物质——“以太”组成，以太是不朽和永恒的，由以太构成的天体永远沿着完美的圆形轨道运动。因此许多著作留传下来，如《论天》《论宇宙学》等。天文学家托勒密继承、发扬并重启了亚里士多德的宇宙观，他认为，地球静止地位于宇宙中心，各行星在其特定轮上绕地球转动，并且与恒星一起每天绕地球转一圈。他用数字理论描述了天体的这种运行规律，为后人留下了《至大论》一书。哥白尼在详细研读了托勒密的《至大论》后，对该书描述的天体运动情况甚是怀疑。因此，这位毕达格拉斯主义者，提出了宇宙的“日心体系”，留下了传世巨著《天体运行论》。天空立法者开普勒通过对火星观测资料的研究，发现了火星运行的轨道并非正圆而是椭圆。他认为，宇宙是上帝的杰作，应该具备数字上的简单和秩序上的和谐。伽利略通过自制的望远镜观察了太阳、月亮和木星，他惊讶地发现木星竟然与地球一样，自带卫星，并且不是一颗而是四颗。至此，科学家们意识到，对宇宙的探索还有很远的路要走。牛顿如此，爱因斯坦也是一样，他们前赴后继，孜孜不倦地去揭示宇宙的本来面目。

扫一扫，看视频

第一节 宇宙的起源

1927 年，比利时天文学家和宇宙学家乔治·勒梅特首次提出了宇宙大爆炸学说。1929 年，美国天文学家埃德温·哈勃提出星系的红移量与星系间的距离成正比的哈勃定律，并推导出星系都在互相远离的“宇宙膨胀说”。1948 年，美国物理学家乔治·伽莫夫、拉尔夫·阿尔弗与罗伯特·赫尔曼正式提出“宇宙大爆炸理论”。

伽莫夫等科学家认为，宇宙是由 140 亿年前的一次大爆炸形成的。在爆炸的极早期，大约在只有 10^{-32} 秒的时间里，宇宙膨胀了几十个数量级，这一时期叫暴胀时期。之后，宇宙迅速地膨胀，物质密度从高到低地变化，如同一次规模巨大的爆炸。这个爆炸不是一般意义上类似炸药包的爆炸，而是宇宙在空间的每个点上同时爆炸，每个点附近的空间都在迅速地膨胀。

这个理论是伽莫夫等人根据爱因斯坦的理论推导得出的，后来被命名为“宇宙大爆炸理论”。

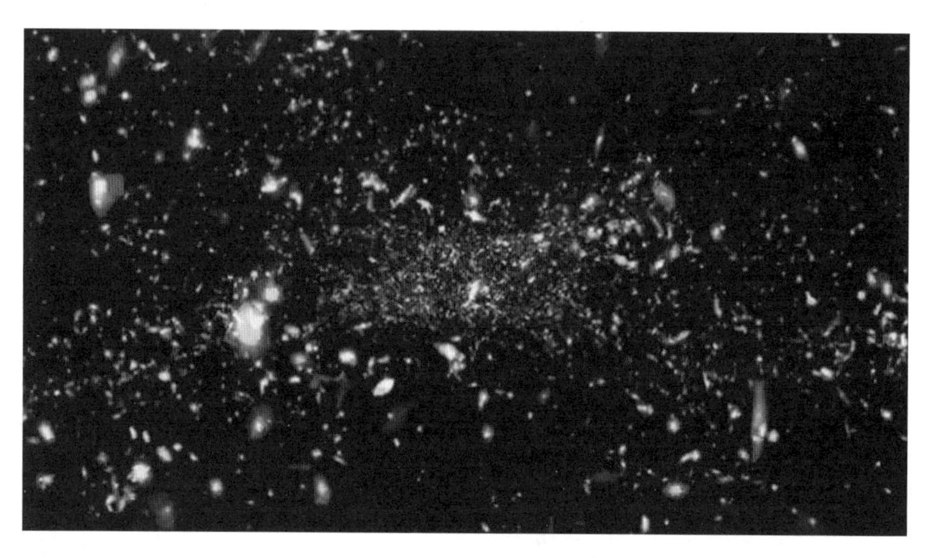

宇宙在空间的每个点上同时爆炸

“宇宙大爆炸理论”告诉我们，当宇宙持续膨胀而温度降到3000K时(相当于宇宙年龄约为38万岁)，宇宙就从质子、氦核、电子等组成的等离子体转化为中性原子的气体。这些原子气体最初是可见的，具有各种颜色、能量和频率，但经过138亿年的膨胀(拉伸)，它们的颜色从蓝、紫变为绿、蓝，再变为橙、红，当宇宙继续膨胀时，原来的可见光变成了红外线、无线电波，最后就变成了－270.42℃的微波冷光。

1948年，伽莫夫等科学家通过计算发现，138亿年前的宇宙大爆炸之后，当初的温度尚有很小一部分遗留下来，而且充斥于整个宇宙，他们所预期的温度范围为－260℃～－270℃，比绝对零度高出3℃～13℃。这就是著名的“微波背景辐射”。

伽莫夫等人做出猜想之后的17年，也就是1965年，两位美国物理学家亚诺·彭齐亚斯和罗伯特·威尔森在美国贝尔实验室做其他工作时无意间测到了微波背景辐射。这一偶然所得直接支持了“宇宙大爆炸理论”。

到目前为止，一切宇宙学观测几乎都支持这一观点，因此“宇宙大爆炸理论”被认为是对我们赖以生存的宇宙如何而来最权威的解释。

随着膨胀的继续进行，最先从虚无中诞生的基本粒子的温度逐渐下降，慢慢形成原子、分子并凝聚成星体、星系、尘埃和气体，这种情况大概持续了两亿年，物质在万有引力作用下凝聚塌缩成球状星云。在塌缩过程中，温度逐步升高，内部压力增大与引力抗衡，星云内部发生热核反应形成恒星，太阳就是这样形成的。

比较准确的推断是，太阳系形成于50亿年前。那么地球又是如何演化而来的呢？

第二节　地球的起源

人类赖以生存的地球大约诞生于46亿年前。

地球

通常认为地球与太阳同步形成，地球的形成大致分为三个阶段。第一个阶段是固体物质的形成，或者称为地球质物质的形成阶段。宇宙大爆炸之后的尘埃在高速运动中相互碰撞并且黏合在一起，这种碰撞会产生很大的热量，使得原来粘在一起的“尘埃”更加紧密并产生化学反应，从而生成岩石。这个阶段大致持续了5亿年。

地球上的固体物质

第二个阶段是大气的形成。在地球固体物质形成过程中会产生一种大气，叫作原始大气，这种大气在地球演化过程中逐渐消失了。随着地球内部的剧烈运动，重物质下沉，轻物质上浮，地球内部经过物理化学反应而被挤压排出到地球表面的大气叫作还原大气。这种大气没有远离地球，而是围绕在地球周围，此时的大气中尚没有氧气。随着地球运动速度的减慢和日照时间的加长，地面上出现了苔藓等植物，这些植物在光合作用下，产生了大量的氧气，使还原大气中有了氧和氮的成分，这就是氧化大气。氧化大气的出现为地球上迎接新生命做好了准备，这一阶段约经历了 25 亿年。

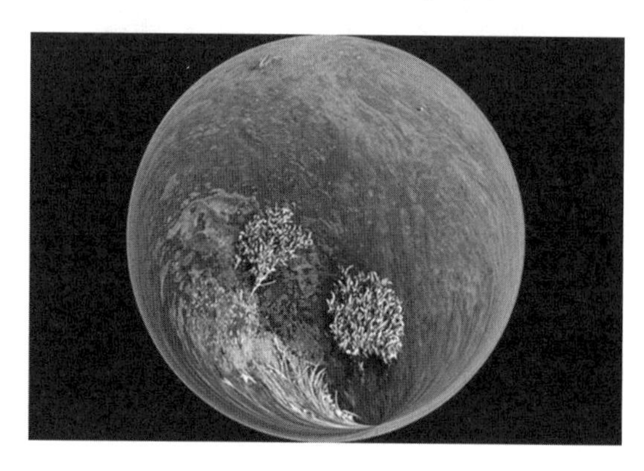

地球上的苔藓等植物

第三个阶段是生命的出现。在地球演化的第一和第二阶段，地球上只有岩石和水，阳光直射地面，地表温度极高，在大气中和地表上发生着各种化学反应，使原来只有无机物的地球表面出现了有机物。这些有机物又不断发生化学反应，逐渐由简单有机物聚合成复杂有机物，于是出现了生物大分子，例如蛋白和核酸，它们是组成生命的核心成分。最初的单细胞生物是菌类和蓝绿藻，它们首先出现在海洋中，随后出现在陆地上。当菌类等覆盖地表时，在光合作用下它们产生的氧气充斥于整个地表大气中，有氧大气为生命的出现和成长提供了必要的保障。

地球上的水

第三节　生命的起源

有氧大气的形成大约历经了25亿年的时间。此时菌类和藻类继续在陆地上和海洋中生产氧气并消耗二氧化碳，使地球上的氧气逐渐增多，加快了大气和海洋环境的变化，地球变得更益于生命存活。

表1-1是国际通用的地质年代与生物发展阶段对照表。可以看出，在寒武纪，露出海平面的这些陆地都是不毛之地，极其荒凉，但在海洋里却是一派生机盎然的景象。

表1-1　地质年代与生物发展阶段对照表

<table>
<tr><th>宙</th><th colspan="2">代</th><th>纪</th><th>距今时间（百万年）</th><th>生物发展阶段</th></tr>
<tr><td rowspan="11">显生宙</td><td colspan="2" rowspan="2">新生代</td><td>第四纪</td><td>1.6</td><td>人类时代，现代动物、现代植物</td></tr>
<tr><td>第三纪</td><td>65～23</td><td>被子植物、兽类时代</td></tr>
<tr><td colspan="2" rowspan="3">中生代</td><td>白垩纪</td><td>135</td><td rowspan="3">裸子植物、恐龙时代，爬行动物时代</td></tr>
<tr><td>侏罗纪</td><td>205</td></tr>
<tr><td>三叠纪</td><td>245</td></tr>
<tr><td rowspan="6">古生代</td><td rowspan="3">晚古生代</td><td>二叠纪</td><td>290</td><td rowspan="2">蕨类植物、两栖时代</td></tr>
<tr><td>石炭纪</td><td>365</td></tr>
<tr><td>泥盆纪</td><td>410</td><td rowspan="2">裸子植物、蕨类植物、鱼类时代</td></tr>
<tr><td rowspan="3">早古生代</td><td>志留纪</td><td>438</td></tr>
<tr><td>奥陶纪</td><td>510</td><td rowspan="2">真核藻类繁盛时期、无脊椎动物时代、三叶虫时代</td></tr>
<tr><td>寒武纪</td><td>570</td></tr>
<tr><td rowspan="5">隐生宙</td><td colspan="2" rowspan="4">元古代</td><td>震旦纪</td><td rowspan="4">2500～1800</td><td rowspan="4">细菌、蓝藻时代</td></tr>
<tr><td>青白口纪</td></tr>
<tr><td>蓟县纪</td></tr>
<tr><td>长城纪</td></tr>
<tr><td colspan="2">太古代</td><td></td><td>4600</td><td>地球形成与化学进化期</td></tr>
</table>

寒武纪发现最多的生物是三叶虫，因此其被称为“三叶虫时代”。此外发现的化石有腕足类、扫虫类、海绵动物类、叶足类、软舌螺类、栉水母类、棘皮动物类、双节动物类、奇虾类、脊索动物类等。菌类为这些动物群落提供了食物，使它们能够生存下去。

据分析，在距今约5.3亿年前，一场地球生物进化史上最为壮观的寒武纪“生命大爆发”骤然上演，几乎所有门类现生动物的祖先分子在很短的时间里涌现了出来，其复杂而多样的生命形态与之前漫长演化过程中出现的原始生命体截然不同。这一现象引起了地质学家、考古学家、古生物学家等的强烈兴趣。

1909年7月，美国史密森自然博物馆馆长维尔考特在加拿大布尔吉斯山发现了6万多块5.15亿年前寒武纪时期海生无脊椎动物的化石，颠覆了之前“寒武纪乃是三叶虫一统天下”的认识，展现了寒武纪绚丽多彩的生命现象，进一步扩大了寒武纪生物与前寒武纪生物在数量和种类上的巨大差异，其形态与现代水母、海鳃、蠕虫和节肢动物有些相像，但它们没有口、肛门和消化道等器官的分化。

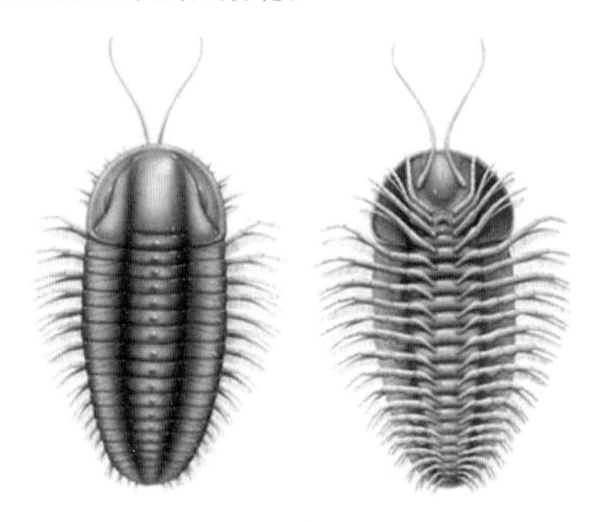

三叶虫复原图

1946年，澳大利亚地质学家斯普里格在澳大利亚埃迪卡拉山前寒武纪晚期(距今5.65亿～5.42亿年前)的砂岩中发现了一些大型多细胞生物留下来的印痕化石。

这首次从化石上印证了前寒武纪存在着多细胞生物。然而，除了极少数类型外，埃迪卡拉生物群几乎与现代动物毫无相关。

这两个著名生物化石群是20世纪上半叶世界上最伟大的自然科学的发现，被视为研究早期生命最经典的化石群。

20世纪70年代以来，一系列重大发现在中国出现，使我国迅速成为世界上早期生命研究的焦点。

1984年6月中旬，中国科学院南京古生物研究所青年科学家侯先光来到云南澄江县(现澄江市)的帽天山，他此行的目的是寻找曾经生存于寒武纪的古生物的化石。为什么选择去澄江寻找化石？根据史料记载，早在1909年和1910年，有外国学者在澄江一带进行过地质古生物调查，留下了记录他们发现化石的备忘录——《滇东地质状况备忘录》。1940年，中国老一辈地质学家何春荪来到澄江调查磷矿资源，曾提到帽天山“页岩内有一种低等生物化石”。侯先光正是循着前人的足迹来到澄江，他迫不及待地想找到“现生动物的祖先”。7月1日下午3点左右，正在紧张发掘的侯先光一抬脚，鞋跟不慎剐落了一片松动的岩层，一块形状奇特却又保存完整的化石露了出来，他用自己所学的知识判断，这是一块寒武纪早期的无脊椎动物化石。这一发现已经让他兴奋不已，然而就在当天，他还发现了三块重要化石，分别是纳罗虫、腮虾虫和尖峰虫的化石。接下来的几天，侯先光陆续发现了节肢动物、水母、蠕虫等几种生物的化石。

经过近3年的深入研究，1987年4月17日，中国科学院南京地质古生物研究所才向世界公布了这一惊人的消息。侯先光与他的导师张文堂教授还发表了科学论文《纳罗虫在亚洲大陆的发现》，师生二人在文章中把在澄江发现的古生物化石正式命名为“澄江动物群”。

此后的6年间，侯先光在澄江帽天山等地埋头工作了400多天，还到武定、晋宁大约1万平方公里的寒武纪地层，采集了上万块动物化石。他的研究也随着这些千古难寻的化石标本推向深入。当时，有外国学者早已断言，亚洲大陆没有纳罗虫化石，但侯先光的发现，不仅颠覆了这种言论，而且打开了蕴藏着千古之谜的大门。此后，许多学者也纷纷探访帽天山，在化石宝库里探寻生命起源的奥秘。

澄江动物群存在于距今5.3亿年前，比著名的加拿大布尔吉斯页岩动物群早1000多万年，这一发现成为充分展示寒武纪生命大爆发的窗口，被誉为“20世纪最惊人的发现之一”，并在2003年荣获国家自然科学奖一等奖，2012年7月1日被正式列入世界遗产名录。

澄江动物群化石的发现，为研究地球早期生命起源、演化和生态等提供了珍贵的证据，表明地球生命在“渐变”过程中也有“突变”，为达尔文的进化论提供了重要的补充，为寒武纪生命大爆发理论提供了坚实的实物证据。

澄江动物群化石复原图

寒武纪生命大爆发是地球生命进化史上的一大奇观，其最显著的标志是“突然”涌现了大量的动物门类。是什么导致了寒武纪生命大爆发？这是今天地球生命科学的一大“悬案”，吸引了古生物学家、生物学家、生态学家、物理学家等持续不断地进行探究。到目前为止，科学家们对于寒武纪生命大爆发给出的原因主要有三点。

原因之一：前寒武纪化石资料表明，真核藻类至少在距今12亿年前就出现了有性生殖现象。有性生殖的发生在整个生物界的进化过程中有着重大的作用，它加速了遗传变异性，大大增加了生物的多样性。

原因之二：寒武纪之初，地球大气的含氧水平达到一定的临界点，不仅使动物得到了呼吸作用所需要的氧，而且使动物的机能和器官得以充分发育，出现了口器、眼睛、触手、脊索等。同时臭氧在大气中吸收大量有害的紫外线，使得后生动物免于有害辐射的损伤。

原因之三：寒武纪生命大爆发的关键是动物“收割者”的出现和进化，即食用原核细胞

(蓝藻)的原始动物的出现和进化。“收割者”为生产者有更丰富的多样性创造了空间,而这种生产者多样性的增加导致了更特异的“收割者”的进化。

这一时期,营养级金字塔按两个方向迅速发展:较低层次的生产者增加了许多新物种,丰富了物种多样性;在顶端又增加了新的“收割者”,丰富了营养级的多样性。从而使得整个生态系统的生物多样性不断丰富,最终导致了寒武纪生命大爆发。

生命的第一次大灭绝发生在二叠纪(距今2.90亿~2.50亿年前)。二叠纪是造山运动和火山活动频繁发生的时期,而生命大灭绝是由地质灾害引起的。由于火山喷发出大量的二氧化碳,随后全球变暖,冰雪融化,海平面上升,陆地面积减小,生态环境被严重破坏,导致绝大部分生物物种灭绝。而地球从这次灾难中恢复生态环境花费了500万年的时间。

第二次生命大爆发发生在三叠纪(距今2.50亿~2.05亿年前)。这时在海洋里,大型棘皮动物海百合出现了,成群成簇分布在浅海地带;软体动物也出现了突发性的大发展,不仅科属繁多,而且壳体处还有特殊的装饰与缝合线型样式,组成了美丽的海底“花园景观”。

陆地上则突发性地出现了大量耐干旱的裸子植物,这些植物可以体内受精,不再依赖于水;丘陵缓坡上突发性地出现了众多常绿树种,如松、柏、苏铁等,陆地上森林繁茂,植物面貌焕然一新,呈现出一派欣欣向荣的景象。

海百合化石

耐干旱的裸子植物——苏铁

更可贵的是在三叠纪出现了大型脊椎动物,尤其是爬行类动物和小型原始哺乳动物,如贵州龙、鱼龙,并从它们进化出了鳄类、大恐龙以及后来的翼龙和鸟类。总之,三叠纪生命之花开遍海、陆、空三大生态领域。这种繁荣的生态景象延续到侏罗纪。特别值得一提的是,在中国恐龙化石遍布大江南北,时空分布之广、数量之多,均列世界第一,故中国被称为“恐龙的故乡”。

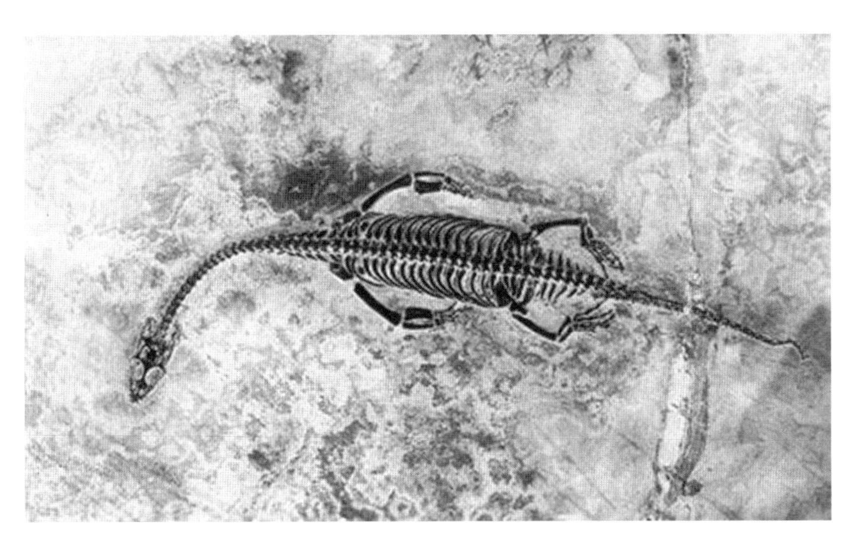

贵州龙化石

生命的繁荣并不是呈线性发展的，到了白垩纪（距今 1.35 亿～0.65 亿年前）晚期，约有 70%的物种在 2000 万年内灭绝了，是什么导致了生命的第二次大灭绝呢？到目前为止，科学家们众说纷纭，尚无统一定论。但大致可归纳出三种缘由：其一是小行星撞击地球引发了生命大灭绝。这种观点认为，在白垩纪晚期，有一颗小行星撞击了地球，这颗小行星直径约 100 公里，由于小行星富含铱元素，撞击地球后，使地球表面遭受了严重的“核污染”，导致了恐龙等生物的灭绝。其二是陨石雨导致了地球生命大灭绝。这种观点认为，陨石造成的大灭绝是周期性的，因为太阳系有一颗伴星，其轨道周期是 2840 万年，每当它接近地球时便会向地球抛出碎片，形成陨石雨。这种陨石雨多由冰和其他金属元素组成，其中含有大量的铱元素。一旦出现陨石雨，就会引起地球局部大爆炸，爆炸产生的尘埃升上天空，使天空中布满了核尘；伴随而来的还有大火，地表温度急剧升高，高温使得氰化物溶入雨水而引起酸雨，这种情况会持续半年之久，从而导致动物和植物的死亡。其三是地球上火山的喷发导致了生命大灭绝。这种观点认为，在白垩纪，地球上火山频频喷发，炽热的岩浆能够把铱从地球深处带出来并飘散于大气层中，譬如在夏威夷基罗亚活火山喷发出的气体中就发现了铱元素的踪迹。依此推断，地球上恐龙等物种灭绝是地球本身的原因。

关于恐龙的灭绝，还有许多观点，如生态环境的改变导致了土壤中化学元素的异常，导致恐龙蛋不能正常孵化。还有世界范围的造山运动、海平面的升降、海洋中的盐分减少、宇宙射线的大量辐射、气候的恶变、植物中毒等。而一些科学家则认为恐龙并没有灭绝，鸟类起源于恐龙。

地球历史一进入新生代第三纪（距今 6500 万～300 万年前），哺乳类动物就出现了“爆炸式”发展，并迅速占领了地球上各个生态领域，从而开启了生命的第三次大爆发。灵长类动物首次出现，并且进化到古猿阶段，称为森林古猿或南方古猿，在非洲和亚洲南部均发现了它们的踪影。

到了新生代的第四纪（300 万年前至今），尤其是 1.1 万年前，气候变迁造成了生命第三次大灭绝，如猛犸象、披毛犀、洞熊、马鹿等曾经与人类为伴的大型动物也在这一时期灭绝了。正是在这一时期，地球上出现了真正意义上的人类。他们从早期智人进化到晚期智人，与现代人同种，那时他们已经具有很高的绘画水平，在很多洞穴中留下了自己的作品，如西班牙的洞穴中，中国的阴山、阿尔泰山和贺兰山中的巨石上。可以说人类文明之火由此点燃。

第四节　人类的起源

在人类起源这个问题上，我们首先要厘清两个概念——人科起源和人类起源。从现在掌握的化石资料来看，人科的共同祖先在距今700万～500万年前起源于非洲。这是学术界达成的共识。人科包括所有灵长类动物。但人类的起源则存在两种假说——非洲起源说和多地区进化说。前者认为，目前在世界各地生活的现代人类的祖先在20万年前起源于非洲，进化了10万年之后向亚洲和欧洲扩散；后者认为，各大洲人种由当地的早期人类进化而来。目前找到的最早的能人化石来自非洲，时间在300万年前，尤其是20世纪80年代以来，DNA的进一步比对更为前者提供了证据。多地区进化说是中国古人类研究所研究员吴新智在1984年与美国和澳大利亚同行共同提出来的。他们认为，距今200万～100万年前，直立人从非洲扩散到世界各地，各自进化成现代的非洲人、亚洲人、大洋洲人和欧洲人。

人类的发展可分为五个阶段：古猿—能人—直立人—早期智人—晚期智人。古猿包括腊玛古猿和南方古猿，腊玛古猿的生存时代为中新世中期到晚期，距今1500万～700万年前。他们主要生活在森林地带，以野果、嫩芽等植物为主要食物，同时也吃一些小动物，以石块为工具，砸开兽骨吸其骨髓。据推测，他们身高为1.2～1.3米，体重为15～20千克，脑容量约450毫升，能够初步两足直立行走。南方古猿的生存年代为距今500万～300万年前。最早发现南方古猿化石是在1924年，发现地在南非。研究表明，雄性南方古猿身高在1.5米左右，雌性身高在1.2米左右。上肢明显长于下肢，脑容量为400～500毫升，与黑猩猩相似。研究发现南方古猿的枕骨大孔的位置已经前移，接近颅底的中央，骨盆的基本形态与人已非常接近。由此断定他们能直立行走。

人类进化图

能人的生存年代为距今 300 万～200 万年前。最早发现能人化石是在 1963 年，发现地位于非洲的坦桑尼亚和肯尼亚。研究表明，能人的脑容量为 510～752 毫升，身高为 1.2～1.4 米，他们能直立行走，并开始制造工具，可能已经具有语言能力。能人的出现具有划时代的意义，标志着第四纪即人类纪的到来，实现了人猿分离。

能人与自然

直立人的生存年代为距今 200 万～28 万年前，居于地质学上更新世早期到更新世晚期前段，相当于考古学上的旧石器时代的初期。他们的脑容量为 600～1250 毫升，面部比较扁平，身材明显增大，平均身高为 1.6 米左右，体重达到约 60 千克。他们的化石不仅分布在非洲，在亚洲和欧洲许多地方也都有发现，北京周口店就是著名的直立人化石发现地，此外在印度尼西亚和德国也发现了直立人化石。此时的人类已经开始使用火，善于制造石器、骨器等多种工具，并且能用语言进行交流，主要体现在集体狩猎和搭制栖身之处。

早期智人也称为古人，生活于距今 28 万～4 万年前，化石分布于世界各地。最早发现化石的地点有两个，一个是西班牙的直布罗陀，另一个是德国迪赛尔多夫附近尼安德特河谷的一个山洞中。最早引起科学家重视的是在尼安德特河谷发现的人类化石，因而他们将早期智人称为尼安德特人。早期智人遍布亚、非、欧三洲许多地区。其特征是脑容量较大，平均值为 1400 毫升左右，其体质形态已和现代人接近。他们能够打造的石器更多、更精细，不仅会用天然火，而且还会人工造火，已开始穿兽皮，有埋葬死者的风俗。从族内结婚发展到族外结婚。

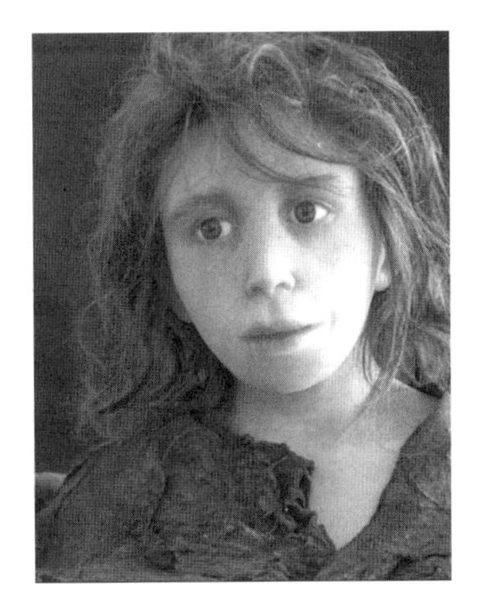

尼安德特人复原图

晚期智人又称新人，生活于4万年前，晚期智人脑颅较高、较圆，脑容量为900～1600毫升，当时的社会已有明确的男女分工，男人负责捕鱼打猎，女人负责采集和管理氏族内部事务，孩子只知其母，不知其父，妇女是氏族的核心。晚期智人身材高大，会制造磨光的石器和骨器，已掌握钻木取火的技术。他们能用兽皮缝制衣服，还知道用兽牙和贝壳制作装饰品。晚期智人与现代人相差无几，他们都是高等哺乳动物中灵长类的一种，按照人种概念划分有黄种人、白种人、黑种人，这也是根据肤色、毛发、眼睛等特征来区分的。

晚期智人的生活场景

目前，人类正处于第四纪全新世以来的生命大灭绝时期，特别是人类进入工业化时代以后，自然环境急剧恶化，人口数量急剧增加，人类能够掌控的能源越来越少，自然界生灵的灭绝速度惊人。如何保护好我们赖以生存的地球、如何保护与人类命运息息相关的地球生态环境，都是我们必须关注的问题。

想一想

1. 地球是如何从宇宙演化中诞生的？
2. 生命的诞生过程与地球环境有什么关系？
3. 如何理解生命爆发与生命灭绝的自然规律？
4. 你是如何理解“可持续发展”这个概念的？

好书推荐

1. 克里斯托弗·加尔法德，《极简宇宙史》，童文煦译，上海三联书店，2016.

2. 尤瓦尔·赫拉利,《人类简史:从动物到上帝》,林宏俊译,中信出版社,2014.
3. 广州博物馆编,《地球历史与生命演化》,上海古籍出版社,2006.
4. 吴国盛,《科学的历程》(第二版),北京大学出版社,2002.
5. 理查德·穆迪等,《地球生命的历程》,王烁、王璐译,人民邮电出版社,2016.

拓展与延伸

第二章　文明的起源

扫一扫，看视频

文明始于何时、何地，由于缺乏文字记录和考古证据，已无法查证。我们只能推断在很早的时候，人类就已经开始观测和记录某些自然现象了。但是他们是否想解释这些自然现象以及怎样解释它们，我们不得而知。

随着科学技术的不断进步，现在我们知道，物质和时空在宇宙大爆炸和随之而来的剧烈膨胀中产生，并经过不断地膨胀而达到今天的状态。目前，宇宙大爆炸理论虽然得到实验的支持，但也同样存在着许多疑难问题尚待解决。3K 宇宙背景辐射的发现给了人们很大的鼓舞，因为它在某种程度上佐证了大爆炸宇宙模型。当然，大爆炸宇宙模型也同样存在着疑难，它终究还只是一种假说。

我们的地球大约诞生于 46 亿年前。在距今 2 亿～1 亿年前，地球上有了爬行动物；恐龙时代来临了。大约 1 万年前，原始人从实践中学会了磨制石器；大约 6000 年前，一些地区的人类学会了使用和冶炼金属，并产生了最初的文字。

原始人的思维简单而模糊，迷信和原始的宗教就是在这样的条件下产生的。原始的人类崇拜太阳、烈火、雷电、山川巨石，甚至崇拜动植物和崇拜祖先。他们将自己崇拜的东西作为氏族和部落的象征，这就是“图腾”。

在遍布没有开化的野蛮部族的世界上，偶然诞生的最初文明会影响和压迫周围的蛮族，反过来也会受到蛮族的不断冲击，甚至有可能被蛮族所消灭。

地球上有史可考的古代文明发源地大致分布在两个区域，一个是地中海附近的希腊、埃及和两河流域，另一个是东方的中国和古印度。

第一节　古巴比伦文明

有文字记录的最早国家出现于尼罗河畔(古埃及)和两河流域(苏美尔)。

两河流域就是指幼发拉底河和底格里斯河(现在的伊拉克境内)，幼发拉底河面对着叙利亚沙漠，而底格里斯河流域的东面是波斯山区，这两条河流的源头均在卡帕多西亚高原和亚美尼亚高原。在幼发拉底河和底格里斯河之间有一片平原，叫作美索不达米亚平原。

大约在公元前 3500 年，勤劳聪明的苏美尔人在两河流域的下游区域开垦沼泽地，他们学会了灌溉和排水，也学会了利用土块修建房屋；他们学会了驯服诸如牛、羊和驴这样的大型牲畜，也学会了在开垦好的沼泽地上种植大麦和小麦；他们在吾珥建立了自己的城市，也在基什、乌鲁克和尼普尔等其他地方建立起了城市；他们创造了独一无二的苏美尔语言，也发明了一种特殊的文字——楔形文字。这些文字由楔形符号组成，故而得名。他们把文字刻在泥板上，有一些泥板一直留存到了现在。

富饶的两河流域下游养育着当地的苏美尔人，同时期在两河流域上游生活着另一个种族——闪族人（说闪米特语的人被我们称作闪族人或闪米特人），他们聚集在一个叫作"阿卡德"的地区，独立地发展了自己的文化，建立了自己的王国。然而，苏美尔的先进文明像磁石一样吸引着闪米特人，他们以蚕食与渗透的方式不断地涌入苏美尔地区，与创造了先进文明但逐渐走向腐败的苏美尔人发生融合与冲突。直到闪米特人的国王萨尔贡（公元前 2637—公元前 2582）领导闪米特人征服了苏美尔人并且建立了统一的王国。然而，随后出现了戏剧性的一幕：由于苏美尔人的文化远远地超过了阿卡德文化，并且在数千年中一直居于主导地位，因此，苏美尔人最终征服了他们的征服者。

我们无法断定美索不达米亚文明起源于何时、何地，但我们可以联想到，在平原城镇居住的那些文化传承者，与穿过沙漠游离于耕地边缘的游牧民族和生活在群山中、过惯艰苦生活的山民之间必然会发生矛盾和冲突。苏美尔人认为他们是聪明又有文化的民族，因为那些游牧民族和山民既不会种小麦也不会盖房子。然而在艰苦环境中长期生活的游牧民族和山民，形成了彪悍的性格和强壮的体格，他们从来没有停止过对平原地区生活的向往和对财富的觊觎。当矛盾激化或者时机成熟之时，他们必然是用武力取得想要的一切。

闪米特人在国王萨尔贡的领导下，以武力征服了苏美尔，建立了统一的苏美尔和阿卡德王国。在萨尔贡国王之后，虽然相继出现了许多国王和王朝，但还是保持着苏美尔和阿卡德王国的统一，直到闪米特人的一支——阿穆尔鲁王朝的第六代国王汉谟拉比（公元前 1728—公元前 1686）成为美索不达米亚的最高统治者之后，出现了一个新的鼎盛时期。这时的王朝建立在巴比伦，后来这一时期被称作"巴比伦尼亚"，也被学者称为"古巴比伦"，而苏美尔这个名称几乎被遗忘了。

汉谟拉比建立的王国并不是太平盛世，生活在山区的山民与居住在平原上的人之间战事不断。贩马的东方人推翻了他的政权却没有建立起新的政权，使得这一地区处于混乱和停滞时期长达百年。直到公元前 8 世纪—公元前 7 世纪，生活在底格里斯河上游的亚述人开始崛起，亚述王国取代了古巴比伦王国，两河流域出现了第三次鼎盛时期。公元前 612 年，迦勒底人推翻了亚述王国，建都在巴比伦，他们复兴了巴比伦文化，因此这一时期又被称作新巴比伦时期。

好景不长，在公元前 539 年，波斯人成为这一地区的主宰者，200 多年之后（公元前 330 年），亚历山大大帝征服了美索不达米亚，彻底终结了美索不达米亚的政治动荡。

尽管美丽而广袤的美索不达米亚不断受到外族的觊觎、入侵和占领，但由苏美尔人、巴比伦人、亚述人和迦勒底人共同创造的美索不达米亚文明却源远流长，永载史册。

一、农业与建筑

人类在地球上最早发展起来的农业文明在美索不达米亚。在公元前 300 年之前，苏美尔人就已经在靠近波斯湾和幼发拉底河下游沿岸的低地中开垦沼泽地，种植大麦和小麦。但是这里的自然条件不像埃及那样，可以利用尼罗河河水的定期涨落来灌溉农田、肥沃土地。底格里斯河与幼发拉底河河水的涨落并没有规律，有时长期干旱导致庄稼枯死，有时洪水泛滥冲毁所有庄稼。为了生存，他们在与大自然长期搏斗中逐步学会了在旱季为土地进行灌溉，在雨季为土地进行排涝。苏美尔人与他们的闪族合作者和后继者都是伟大的实业家。虽然他们不懂灌溉的原理和必要性，但至少在全国范围内推广这项工作也需要实业家的头脑。这个地区的主要物产是农产品，如谷物、海枣等。同时他们还驯养了牛、羊、驴等食草动物，这些动物在抵御外族入侵时可以用来拉战车，在物资匮乏时可以作为食物帮助他们的族人度过饥荒期。他们也可以利用动物的肉、皮和毛进行贸易，以换取自己需要的其他物品。

美索不达米亚地区具有独特的地质地貌，地面上常常有沥青自然渗出。当地人缺乏石块和树木，但他们发明了烧砖技术，他们利用沥青和砖建造了闻名世界的一座城市——新巴比伦城，“世界七大奇迹”之一的巴比伦“空中花园”就坐落于城中。

苏美尔人非常重视城市的建设，最著名的建筑当数巴比伦城中的“空中花园”。据说，这座花园是新巴比伦国王尼布甲尼撒二世（公元前 635—公元前 562）为其宠妃建造的。这位来自米提亚族的王妃叫塞拉斯，因为怀念故乡的山川花木而闷闷不乐。国王得知王妃的心思后，决定为其建造一座重现故乡景色的花园。花园是在人工堆砌的小山顶上一层一层栽种米提亚人喜爱的花木，顶上有灌溉用的水源和水管。由于人工小山拔地而起，远看好像悬浮在空中，故而得名“空中花园”，又称“悬园”。

在新巴比伦城中，还有一座建筑——巴别塔，始建于公元前 3000 年，这是城中最高的一座建筑，历经战火洗礼，毁而复修，修而又毁，如今只剩下断壁残垣。然而，其辉煌的历史吸引了世界各地的考古学者、历史学者和旅游爱好者。据说公元前 460 年前后，古希腊历史学家希罗多德曾游历了巴比伦城，目睹巴别塔的废墟，他仍然惊叹不已，怀着崇敬之情写道：在这个圣城中央，有一个造得非常坚固的塔，长宽各有一斯塔迪昂①，这是一座实心的主塔，一共有八层。外缘有条螺旋形通道，绕塔而上，直达塔顶，约在半途设有座位，可供歇脚。在最高一层塔上，有一座巨大的神殿，神殿内部陈设着一张豪华气派的大床，大床旁边是一张用黄金制作的桌子，这些陈设是专供上神下临到这座神殿时休息所用。因此巴别塔又叫“通天塔”。

二、文字与政治

生活在美索不达米亚平原的苏美尔人早在公元前 3500 年左右就发明了象形文字，后来他们使用了由早期图画演变而来的线形文字。当书写变得更为普遍和必要时，寻找书写材料成为不可避免的问题。聪明的苏美尔人利用当地丰富的资源——泥土，制成泥板进行书写。可以想象，在泥板上书写并不像在纸上书写那么流畅平滑。他们只能写两三种符号或者楔形符号。楔形文字就是在把泥板作为书写材料的这种选择中应运而生。

两河流域的苏美尔人发明的楔形文字大约只有 350 个，写在潮湿的泥板上，然后晒

① 斯塔迪昂是最古老的奥运会比赛项目，也是跑道的名称。其长度约为 180 米。由于不同地方的人脚长不同，斯塔迪昂的长度在各地也不一样。例如奥林匹亚的跑道长 192.28 米。

干，这就是泥板文书。后来的闪米特人继续使用楔形文字，但他们根据自己语言的需要，改进和简化了楔形文字的外观。楔形文字看起来略显“笨拙”和难以理解，然而作为美索不达米亚的标准文字，从苏美尔语到闪米特方言，它存在了3000多年。由此可见，楔形文字的使用是非常广泛的。例如，美国考古学家在苏美尔最著名的宗教中心——尼普尔，发掘出一个巨大的“图书馆”，那里保存着数千块泥板，它们是未经烘晒的泥板，虽然残缺不全很难翻译，但终究向我们展示了大量的文学和科学文本，对于研究古代文明具有无与伦比的价值。法国考古学家雅克·德·摩根于1901年带领法国考古队前往波斯进行考古，他们在苏萨的卫城意外发现了震惊世界的《汉谟拉比法典》。

楔形文字

《汉谟拉比法典》石碑

《汉谟拉比法典》刻在一圆柱形石碑上，石碑高2.25米，上部周长1.65米，底部周长1.90米。石碑上部是一幅浅浮雕作品，描绘的是太阳神沙玛什把一部法典交与汉谟拉比国王的场景。浮雕下面和背面是用楔形文字镌刻的法典铭文。该石碑现保存于卢浮宫。

《汉谟拉比法典》是古巴比伦王国第六代国王汉谟拉比(公元前1792—公元前1750年在位)颁布的世界上第一部较为完备的成文法典，以汉谟拉比自己的名字命名。全文共282条，在法典开头部分，国王阐述了他的崇高目标和美好愿望，他写道：“要让正义之光照耀大地，消灭一切罪与恶，使强者不能压迫弱者。”法典对刑事、民事、贸易、婚姻、继承、审判制度等都作了详细的规定。

这部法典的建立具有其社会背景和政治环境。汉谟拉比成为美索不达米亚的最高统治者之后，出现了一个新的鼎盛时期。这时的王朝建立在巴比伦，此时的巴比伦人拥有大量的财富,他们的社会已经进入神权政治型社会。从表面上看,这是一个多种族融合的国家,但实际上这个国家危机四伏。汉谟拉比国王不仅需要把不同种族的传统结合在一起,使之相互协调,而且要考虑到惩罚的严厉程度、惩罚对象的阶级地位以及受害者的社会地位等。这位国王的政治智慧和理性管理模式令人惊叹。

《汉谟拉比法典》堪称人类成文法历史上一座杰出的里程碑。

三、占星术与天文学

生活在美索不达米亚地区的巴比伦人,由于周边部族频繁地入侵和掠夺,他们的精神状态高度紧张,也形成了阴郁消沉、疑心重重的性格。巴比伦人猜想天就是一个半球壳状的盖子,地是浮在水面上的扁盘,天地是一个整体并且被水包围,日月星辰等众神居住在水层之外。巴比伦人还认为人间的福祸均由众神决定。因此,他们对天象的细致观测发展了占星术,对占星术的痴迷又进一步发展了天文学。

早期的巴比伦人偏爱的是占卜术,他们认为占卜非常有用。占卜者的方法也有许多种,他们可以根据居住者的一些特性和周围环境中的一些迹象进行推断,例如,根据鸟的飞行方向进行占卜,根据对梦的解释预言吉凶,或是把油倒进水里,根据油扩散的方向和速度,预言将要发生的事情的状态等。

占星术是和天文知识混杂在一起使用的,占星术是指用天体的相对位置和相对运动(尤其是太阳系内行星的位置)来解释或预言人的命运和行为的一种方法。大约在公元前4000年或者更早期,生活在美索不达米亚地区的苏美尔人就开始了对日月星辰的观测。他们根据月亮的盈亏现象和规律制定了阴历历法,即每年有360天,每月有29天或者30天,一个月与另一个月按照一定的规律交替计算。对于太阳年来说,12个太阴月的平均长度太短(354天),13个太阴月的平均长度又太长(384天),为了使太阴历与太阳历相协调,巴比伦人把一年定为12个月,必要时增加一个月,即闰月。最初的闰月不是规律性增加的,而是由国王根据情况随时决定的。到了公元前500年,才有了固定的置闰规律。

巴比伦人还有一项发明——星期。他们为太阴月的第7天、第14天、第21天和第28天赋予了特别的意义,比如这一天不能做某些事或者可以做某些事等。规定每月的第一天为第一个星期的第一天,一个月结束后重新计算星期,因此巴比伦人每年有48个星期(我们现在是每年52个星期,并且是连续计算,不受年月限制)。

观测天体是僧侣的职责,也是占星术做出预言的基本需要。公元前3000年的迦勒底人就已经能够准确地判断东、南、西、北四个方向,这是准确观测恒星和太阳方位的结果。天文学中的"黄道",就是太阳在恒星背景下所走的路径。美索不达米亚人早已知道了黄道,他们将黄道划分为12个星座,每月对应一个星座,称为黄道十二宫。这也是占星术的常用术语。

早在公元前2000年左右,巴比伦人对金星的观测就有了惊人的发现,这些发现被记录在泥板书中①:

① 萨顿.希腊黄金时代的古代科学[M].鲁旭东,译.郑州:大象出版社,2010:95-96.

如果金星于 5 月 21 日在东方消失，它会持续两个月 11 天不在天空中出现，8 月 2 日将会在西方看见金星，届时地上会下雨，荒凉的景象将会出现。【第 7 年】

如果金星于 4 月 26 日在西方消失，它会持续 7 天不在天空中出现，5 月 2 日将会在东方看见金星，届时地上会下雨，荒凉的景象将会出现。【第 8 年】

美索不达米亚文明还有一项重要的天文学成就——编制了地球上最早的日月运行表，从这个表中可以查到太阳和月亮运行的度数(以天球坐标为标准)、昼夜长度、月行速度等。并且可以根据日月运行表推算出月食的时间。由此我们可以断定，早期巴比伦人对天体的观测，直接影响了后来的迦勒底天文学家和古希腊天文学家所取得的令人钦佩的观测结果。

四、数学

数学作为一门有组织的、独立的学科，在公元前 600—公元前 300 年古希腊学者登场之前是不存在的，但在更早期的一些古代文明社会中已经产生了数学的萌芽。和天文学相比较，巴比伦人的数学成就更为突出。早在公元前 2000 年之前，苏美尔人就发明了数的记法，采用 60 进制和 10 进制。这是巴比伦人首次对数学做出的贡献。

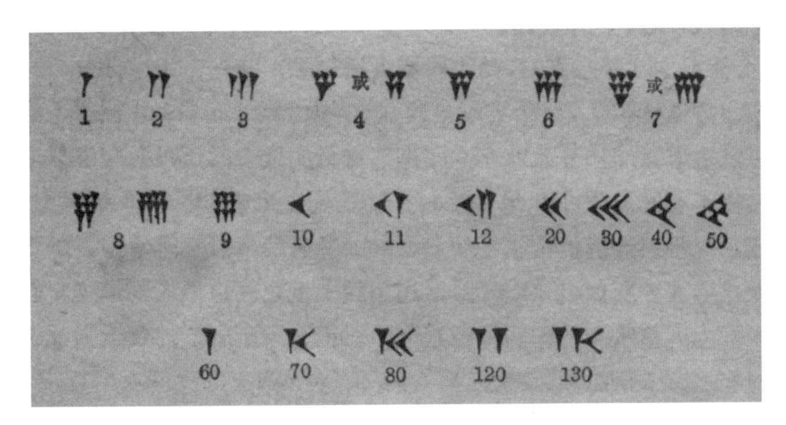

苏美尔人发明的数的记法

同时，考古发掘出的泥板书中虽然有60进制的计数系统，也有位制的概念，但没有表示零的记号，因此这个计数系统并不完善。

科学家在巴比伦人的碑石中还发现了乘法表、平方表和立方表，也发现了平方根表、立方根表和倒数表。例如，泥板书中记录了一个代数问题，即求一个数，使它与其倒数之和等于一个已知数：

$$x+\frac{1}{x}=b$$

这就是我们熟知的解一元二次方程的过程。其解法如下：

第一步求出$\frac{b}{2}$；

第二步求出$\left(\frac{b}{2}\right)^2$；

第三步求出$\sqrt{\left(\frac{b}{2}\right)^2-1}$；

第四步求出 $x=\frac{b}{2}+\sqrt{\left(\frac{b}{2}\right)^2-1}$

他们没有负数的概念，只求正根。

公元前1800—公元前1600年的巴比伦泥板书，记录了15道算术问题(正面8道题、背面7道题)

科学家在泥板书中还发现，公元前2000年左右，古巴比伦国王的敕令中规定了长度、重量和容量的标准。譬如对长度的规定：1腕＝30指，1竿＝12腕，1绳＝120腕，1里＝180绳。显然，常识性的知识和工艺知识的规范化和标准化是实用科学起源的可靠基础。

在巴比伦人有关土地测量的基本公式和数量关系中可以找到几何学的开端。从现存的巴比伦楔形泥板书中可以看到，这些基本公式和数量关系大都是关于经济问题的，涉及钱币兑换、商品交换、利税计算、粮食分配、遗产划分，等等。挖运河、修堤坝，以及其他水利工程都需要用到计算。谷仓和房屋的容积以及田地面积的计算，使他们接触了初步的几何学知识。

另外，巴比伦人已经知道了很多疾病，如不同种类的发热、中风和瘟疫。一些泥板书上还描述了眼、耳、皮肤和心脏的疾病，以及风湿和性病。巴比伦的外科手术工具约出现于公元前 2300 年。古巴比伦医学是宗教巫师的特权，他们向天神负责；普通医生对他们所做的手术成功与否负责。例如，《汉谟拉比法典》第 215 条规定：如果医生做一台较大的手术或治疗眼病时，应该收取 10 枚银币。如果病人是一个自由人，应付 5 枚银币；如果病人是个奴隶，他的主人应代付 2 枚银币。如果病人因为手术死亡或失明，那么医生的双手就会被砍掉。

地处两河流域的美索不达米亚平原养育着许多民族，他们在此繁衍生息。从公元前 2000 多年开始，闪米特人在两河流域占据了统治地位，并建立了一系列伟大的国家，例如阿卡德、乌尔、巴比伦、绯尼基、亚述等。此时的两河流域成为一座多民族汇聚的大熔炉。

处于统治地位的民族，创造且享受着文明的果实，却也常常在安逸的生活中逐渐腐败。而周边的野蛮部族，却在艰苦的生存环境中磨炼得无比强悍，他们被两河流域的富饶和文明所吸引，不断地涌入其中，进而推翻那里的统治者，建立新的国家。

第二节　古埃及文明

与两河流域统治民族频繁更替、外来文化不断进入的情形相反，尼罗河流域的古埃及文明是在相对孤立的状态下形成的。

古埃及文明究竟是从什么时候开始形成，现在已无从考证，就像我们无法确定它是否早于美索不达米亚文明和中华文明一样。当第一王朝的历史序幕被揭开时，古埃及文明已经到达了一个顶峰。这些成就若没有几千年的积累，是不可能形成的。

古埃及与美索不达米亚同属地中海地区，但二者却有着截然不同的地理环境。古埃及位于尼罗河流域，早在旧石器时代，这里就已经成为人类赖以生存的乐土。古埃及人发展了许多农业技术，他们种植了大麦、小麦和亚麻，并且能够编织亚麻布。随着岁月更替、气候变化，尼罗河两岸大片土地变成了干燥的沙漠，这里的人类只能聚集在附近的一条狭长地带上生活。尼罗河河水每年有规律地泛滥，给河谷覆盖上了一层厚厚的淤泥，使得河谷中的土地非常肥沃，这里的庄稼可以一年三熟。生活在这里的人们生活富足，性格开朗，坦然接受大自然的馈赠。

古埃及的历史大致分为前王朝时期，早起王朝（第一、第二王朝），古王国时期（第三至第八王朝），新王国时期（第九至第十七王朝），中王国时期（第十八至第二十王朝）和衰败时期（第二十一至第三十一王朝）。大约在公元前 3500—公元前 3000 年，古埃及国王美尼斯统一埃及并建立第一王朝，直到公元前 332 年亚历山大大帝征服埃及为止，共经历了 31 个王朝。本节中我们主要讨论的是金字塔时代，即古王国时期。

一、数学与文字

古埃及人在数学上取得了相当高的成就。他们用数学来管理国家和教会的事务，确定付给劳役者的报酬，计算谷仓的容积和田地的面积，征收按土地面积算出的地税，计算建筑物所需的砖数，计算酿造一定量啤酒所需的谷物数量，等等。

古埃及人的日常生活中需要记录复杂账目的简单方法，由此产生了10进制记数法（但不是10位值），例如，他们写222，不是重复三个2，而是每一位上都有一个特殊的符号。古埃及人的算术主要是加减算法和分数算法，如果遇到乘除这类问题，他们通常是先化简成加减法然后再计算。分数算法通常是以分子为1的分数为单位，把复杂的分数化简成单位分数，例如，$\frac{2}{99}=\frac{1}{66}+\frac{1}{198}$，显然这种方法并不简单明了。我们也无从考证古埃及人为什么要用这样的方法进行运算。数学史家普遍认为这种算法可能限制了古埃及数学的发展。

古埃及人的数字符号系统不如古巴比伦人的先进，但在三角形、矩形、不规则四边形面积和立方体及柱体体积的计算方面发明了更好的公式。按照希腊历史学家希罗多德的观点，由于尼罗河河水定期泛滥，淹没了全部河谷，河水退却之后需要重新界定河谷土地的边界，正是这种年复一年丈量土地的需要，催生了几何学。当时的埃及人已经能计算矩形、三角形和梯形的面积以及立方体和柱体的体积。至于举世闻名的金字塔是不是在古埃及人的几何知识指导下建立起来的，已无从考证，但我们可以确定它是法国埃菲尔铁塔建立之前世界上最高的建筑。

古埃及的建筑和工程活动也包括了大量算术和几何知识，如金字塔等建筑物坡度、容积需要计算，啤酒、面包等的数量分配等也都需要定量计算，这些问题就成为古埃及数学问题的核心。

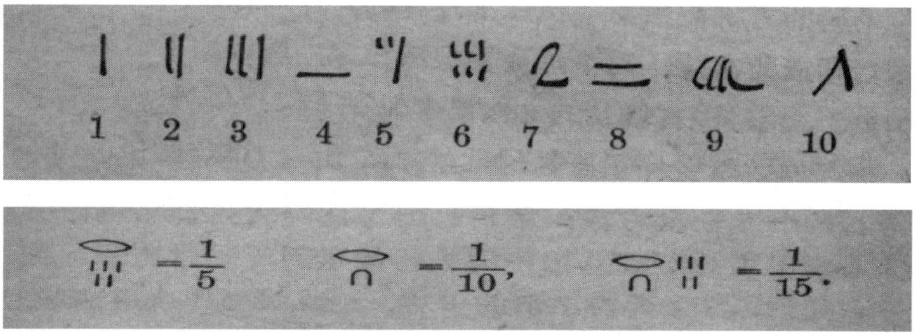

古埃及数学符号

文化的传承需要载体，文字的出现成为文化的载体，文字与书写工具使得文化得以延续和发展。

就像苏美尔人的泥板书一样，古埃及人发明了一种可以书写的纸——莎草纸。他们发现生长在尼罗河沼泽地的芦苇可以制作书写的材料。与芦苇生长在一起的灯芯草可以当作书写工具——笔，自然界中的各种颜料都可以作为书写媒介——墨水，于是那些比较重要的事情，如比较长的文学作品、算术题都可以记录下来留传给后代。

考古发现了两批莎草纸书，一批莎草纸书保存在莫斯科，叫作莫斯科莎草纸书。另一批保存在大英博物馆，因其作者叫阿默士，所以称为阿默士莎草纸书。阿默士莎草纸书开篇写道："获知一切奥秘的指南。"

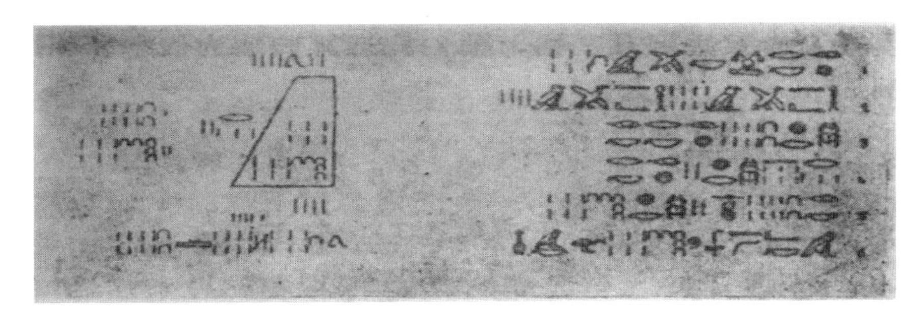

莫斯科莎草纸书

阿默士莎草纸书

两批莎草纸书中都含有数学问题和解答。阿默士莎草纸书中有 85 题;莫斯科莎草纸书中有 25 题。这些内容很有可能是作为一些典型问题和典型解法的示范例子而被记录下来的。

两批莎草纸书的撰写时间在公元前 1700 年左右,但其中所包含的数学知识古埃及人早在公元前 3500 年就已经知道了。由此推断,从那时起直到希腊人征服埃及,他们几乎没有增加新的知识。

二、建筑

古埃及在建筑方面的最大成就当属金字塔的建造。金字塔是古埃及法老(即国王)在世时为自己建造的陵墓,其外形呈三角锥体,底座是四方形,四面是两两相交的等腰三角形,因为形状类似于中文中的"金"字,故而翻译为"金字塔"。现存的金字塔有 80 多座,而最大的金字塔是第四王朝的胡夫国王在位时修建的,其建筑师是胡夫的兄弟海米昂,地址选在孟斐斯(古埃及城市)附近的尼罗河西岸。该金字塔高 146.5 米,每边边长约为 230 米。据说建造该金字塔用了约 230 万块石头,每块平均重约 2.5 吨。每块石头都是经过精确磨制的,当把这些石头堆叠起来时竟然严丝合缝,这就意味着设计师或者工匠们已经具备了立体几何的知识。

面对金字塔这样的宏伟建筑,我们不禁想知道这么庞大的工程到底是怎么完成的。通过翻阅历史记录我们发现,在古埃及的丧葬风俗中,通常是把尸体保存在岩石洞里或者放在石堆下面。越尊贵的埃及人过世后石堆越高,后来就演化成有形状的石堆。国王地位最高,他的陵墓自然应该最高,金字塔也许就是这样诞生的。

古埃及最著名的金字塔有三座,坐落在开罗附近的吉萨,始建于第四王朝,分别是法老胡夫、海夫拉和门卡乌拉的陵墓。其中尤以胡夫金字塔最为精致也最大,故称胡夫金字塔为大金字塔。海夫拉是胡夫的儿子,海夫拉金字塔略小于胡夫金字塔,但在他的金字塔前面矗立着一座由整块石头雕刻而成的狮身人面像,希腊人称其为斯芬克斯,高约 20 米,全长 57 米。人面特征是海夫拉肖像的理想化描绘。斯芬克斯与金字塔交相辉映,体现了古埃及人的聪明才智和对神权的崇拜。

金字塔

斯芬克斯像

古埃及的金字塔是人类历史上的一大奇迹。由于缺少详细的文字记录,我们无法确定在当时的科学技术条件下这一宏伟建筑是如何完成的。然而,近几十年来,考古学家发现,在大西洋和美洲大陆也存在许多大小不一的金字塔,这些金字塔之间究竟有何联系,至今仍然是个未解之谜。

三、天文学与宇宙观

在古王国时期,当天狼星和太阳一起从东方升起时,尼罗河河水就开始泛滥。古埃及人对天狼星偕日升和尼罗河河水泛滥的周期进行了长期观察,他们发现两次天狼星偕日升的时间间隔大约为365.25天，这就是现在阳历的来源。但是其与实际周期每年仍约有0.25天之差。由于古埃及人没有每隔四年闰一天，故历法的岁首慢慢落后于季节，1460年后，岁首和季节的对应关系又恢复如初。这个周期叫做索特周期(Sothic Cycle)，因为古埃及人称天狼星为索特。

古埃及人对于宇宙充满了幻想，流传后世的“创世神话”就有许多版本。但不论哪一种都认为最初的原始世界是由混沌的水构成的。例如在阿拜多斯的塞提一世(公元前1313—公元前1292年在位，第十九王朝)的衣冠冢中发现了一幅巨图，图中描绘的是天神、地神和空气之神。在创世之日，大气之神“舒”从原始水中出现，把原本结合在一起并静止于原始水中的天神努特和地神西布分开，用双手把努特向上托举，努特伸开双手，叉开双腿支撑着自己，于是努特的身体成为天穹，四肢成为擎天之柱。努特的身体上写有黄道十度分度的名称，四肢列有日子和月份一览表。西布的身体成为大地之后，立即被绿色的植物覆盖了，在这之后，动物和人也诞生了。太阳神原来藏在原始水中莲蓬的花蕾中，天地分开之后，莲蓬的花蕾绽放，太阳神腾空而起，升到天空，照耀天地，使宇宙温暖起来。

古埃及人的另一种创世神话与他们崇拜太阳神有关，这是从公元前1350—公元前1100年的法老陵墓中一块石壁上发现的。这块石壁呈现了一幅天牛像：天牛的腹部布满了星辰，牛腹为一男神所托，双臂有两神扶持。在星辰的两侧各有一条大河，河上有两只船，一船为“日舟”，一船为“夜舟”。太阳神“拉”驾驶着“日舟”和“夜舟”日夜兼程行走于天际。

古埃及人的创世神话(壁画)

古代埃及人之所以产生这类观念，与他们生活于尼罗河凹地有关。古埃及人的生活几乎全部集中于这条狭窄的、总共只有三四千米宽的尼罗河冲积地带之内，天长日久，就产生了以上种种观念，同时又覆上了种种神话迷信色彩，从而流传至今。

四、医学

古埃及的医学成就主要通过纸草书被记录下来。

在古埃及的金字塔时代，就有许多专业化的医生，但流传下来的医学书籍并不多。这些医学书籍因被书写在莎草纸上，又被称为纸草书。有两部最重要的纸草书流传后世，即《艾德温·史密斯纸草文稿》(*The Edwin Smith Papyrus*)和《埃伯斯纸草书》(*Ebers Papyrus*)。《艾德温·史密斯纸草文稿》出自公元前17世纪，1862年由美国人艾德温·史密斯买下并收藏，主要记录了医疗问题，涉及伤口、损伤、一般外伤的处理方式和手术。《埃伯斯纸草书》诞生于公元前16世纪，被德国作家格奥尔格·埃伯斯购得。书中主要记录了877个处方，涉及许多疾病及其症状，其中有12例情况处方建议使用“咒语”治疗。

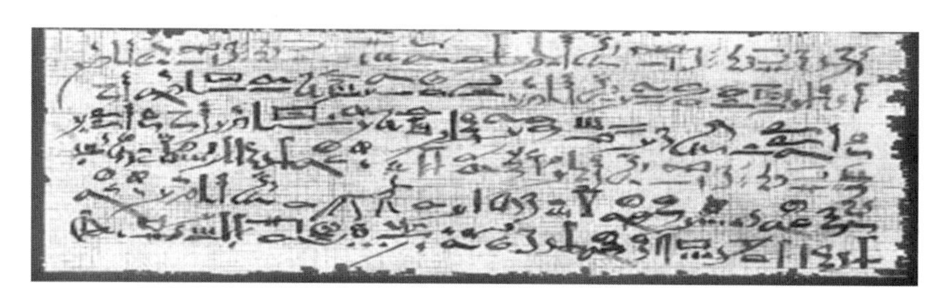

古埃及医学纸草书

从这些医学成就可以判断，古埃及人已经通过解剖活动有意识地研究过解剖学，积累了一定的解剖方面的知识和经验，这一点体现在他们把动物和人的尸体制作成木乃伊的过程中。

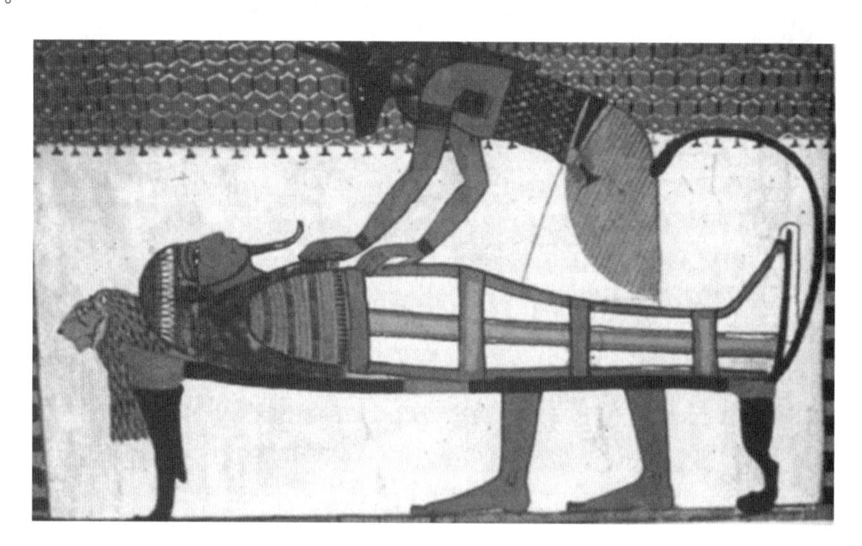

公元前1320—公元前1200年墓中壁画(工人在给尸体做防腐处理)

毋庸置疑，公元前2000—公元前1000年是古埃及科学精神的全盛时期，虽然古埃及人的科学与智慧已逐渐消逝，但他们在农业、数学、建筑、医学和天文学方面的成就却最终被其他民族继承下来。

第三节　古印度文明

印度河和恒河孕育了古印度文明。印度河发源于喜马拉雅山的冰川，流经克什米尔及旁遮普等地区，贯穿现在的巴基斯坦全境，在卡拉奇附近注入阿拉伯海。恒河发源于喜马拉雅山南坡，流经印度和孟加拉国，最后注入孟加拉湾。印度河和恒河所形成的冲积平原，土地肥沃、气候宜人，是世界上古老文明发源地之一。

古印度的历史大致分为史前时代、吠陀时代、列国争雄时代、殖民时代和独立时代。史前时代大约在公元前 2500—公元前 2000 年，创造这一文明的是当地土著——达罗毗荼人。公元前 2000 年之后，印度河流域的这一文明就没落了。在之后的 1000 多年里，这里发生了很多重要的变化。一个新的民族从帕米尔高原的山口进入印度，带来了新的生活方式和新的语言——梵语。这是一支来自北方的游牧民族——雅利安人，雅利安人在占领了印度河流域之后，继续向恒河流域挺进，并在公元前 1000 年左右，逐渐建立起白人至上的吠陀种姓恒河文明，至此，他们征服了印度河和恒河流域，开创了吠陀时代。

吠陀时代分为前期和后期，前期即梨俱吠陀时期，约在公元前 1800—公元前 1000 年；后期约在公元前 1000—公元前 600 年。吠陀时代留下了最早的宗教文献——《吠陀本集》，它包括《梨俱吠陀本集》《娑摩吠陀本集》《夜柔吠陀本集》和《阿达婆吠陀本集》。《吠陀本集》出现在公元前 1000 年左右，经婆罗门教徒一代代口头传诵。它既是一部赞美诗，也是一部对宗教仪式的指导、祷文和符咒的汇编。直到公元前 400 年左右，印度人发明了文字之后，才将这一巨著书写成册流传后世，为我们了解早期的印度文明提供了线索。

吠陀时代后期推行瓦尔那制度，亦称种姓制度，是古印度森严的等级制度。在该制度下，社会阶层共分为 4 个等级，分别为婆罗门、刹帝利、吠舍和首陀罗。祭祀和教师掌管宗教文化，享有崇高地位，为第一等级；国君和武士拥有杀伐决断的权力，为第二等级；以农、牧、工、商为职业的住户和纳税人为第三等级；从事各种重体力劳动但没有任何政治权利的人，为第四等级。在瓦尔那制度下，个人的社会地位取决于他们的家庭出身，严格按照血统保持世代不变。该制度显然是为保护贵族阶层的利益而设立的。

吠陀时代结束于公元前 600 年左右，此后印度经历了列国争雄、王朝更替的过程。直到公元前 320 年，月护王(公元前 322—公元前 298)从希腊将领手中夺回了印度西北部，建立了孔雀王朝。到了月护王的孙子阿育王(公元前 273—公元前 236)统治时期，印度古代奴隶制君主专制的集权统治达到顶峰。为了开疆拓土，阿育王的前半生是在征战中度过的，他以武力统一了印度，但战争的血腥与残酷使他深感悔悟。后来阿育王皈依了佛教，施行仁政，并在佛教和平教义的基础上建立了新法。

阿育王在国内修筑道路，扩大灌溉工程，发展国家经济，使国家繁荣和兴盛起来。阿育王统治时期成为古印度历史上空前绝后的强盛时代。由于强调宗教上的包容、政治上的宽容和非暴力主义，阿育王被后人认为是印度历史上最伟大的统治者之一。

印度文化是一种宗教文化，它推崇来世、轻看今生，强调人生的无常和空虚，主张清心寡欲，反对执着追求。这种处世态度无疑不利于科学技术的发展。因此，在天文、历法等许多方面无法与美索不达米亚和古埃及相媲美。但是，作为古老而又持续发展的文明，古印度文明也对人类文明做出了独特贡献。

第四节 中国古代文明

大约在公元前6000年，华夏大地上诞生了大河文明。它独立于古巴比伦文明和古埃及文明，并与古印度文明同居东方，在黄河流域和长江流域独立地发展并延续至今，这就是中国古代文明。

古老的中国有其独特的地理位置，它的东面是浩瀚的太平洋，西面是难以逾越的阿尔泰山、喀喇昆仑山和喜马拉雅山，南面是东南亚半岛的丛林山地，北面是寒冷的蒙古高原和沙漠。特殊的地理环境造就了中国先民免受外族的侵扰而能够独立发展的条件，他们依赖于黄河、长江以及其他的内陆水域繁衍生息、发展壮大。

大量的考古证据表明，中国的先祖早在距今1万多年前就有了陶瓷和人工栽培稻（相继在仙人洞和玉蟾岩遗址被发掘）；公元前8000—公元前7000年，就有了黍、彩陶、宫殿式建筑、"混凝土"地面和绘画（在大地湾遗址中被发掘）；公元前5300—公元前4600年，出现了世界上最早的文字符号——贾湖契刻（在河南裴李岗文化遗址中出土的龟甲上被发现）。而在黄河流域中下游及其边缘地区出土了大量公元前5000—公元前3000年的陶制品和农耕工具，表明中国在阶级社会形成之前就存在着较为先进的文化，这就是著名的仰韶文化（1921年在河南省三门峡市渑池县仰韶村被发现，故命名为仰韶文化）。在中国的北方辽河流域，考古人员发现了公元前4000—公元前2900年的大量玉器，玉雕工艺水平较高，有猪龙形缶、玉龟、玉鸟、兽形玉等，同时发现了相当多的冶铜所需的坩埚残片，说明铜器和制铜业在当时已经出现，这就是著名的红山文化。公元前3300—公元前2000年，在长江流域下游出现的良渚古城（位于今浙江省杭州市余杭区瓶窑镇），是一座新石器时代的城址，是中国长江下游环太湖地区的一个区域性早期国家的权力与信仰中心。出土器物包括玉器、陶器、石器、漆器、竹木器、骨角器等，共有1万余件。从出土的陪葬品、墓地布局和墓葬规格看，这里已出现以阶级对抗为核心的社会分层现象。这是迄今为止在长江流域发现的最大的一座城市遗址。公元前2000年，在黄土高原北部边缘地区，一座城市被建立起来，初步判断其可能是夏早期中国北方的中心，或者是黄帝的都城昆仑城，属新石器时代晚期至夏代早期的遗存，这就是石峁遗址。这座城池远大于良渚古城，是迄今发现的最大的古城遗址（位于今陕西省榆林市神木市高家堡镇石峁村）。在这座遗址中发现了房址、灰坑以及土坑墓、石椁墓、瓮棺葬等，出土了大量的陶、玉、石器等，玉器十分精细，颇具特色，材质以墨玉和玉髓为主，器类有刀、镰、斧、钺、铲、璇玑、璜、牙璋、人面形雕像等。

2020年，考古人员发现了公元前3300年前后的都邑遗址（双槐树遗址），因其位于黄河与洛河中心区域，呈现出古国时代的王都气象，研究人员将其命名为"河洛古国"。该遗址是迄今为止发现的黄河流域仰韶文化晚期规格最高的具有都邑性质的中心聚落。其社会发展模式、承载的思想观念以及诸多凸显礼制和文明的现象，被后世所承袭和发扬，5000多年中华文明正是赖此主根脉延续不断、瓜瓞绵绵。

近年来大量的考古证明，中国是人类文明的发源地之一，是延续几千年而没有中断的古老文明，以农耕文明为立国之本。大约在公元前3000年，黄河流域和长江流域已经是方国林立，黄帝部落、炎帝部落以及之后他们的联盟部落中的杰出领袖尧和舜，都是重农业、兴水利，禹因治水有功，得到了舜的重用并最终将部落联盟首领之位禅让于他，这就是夏王朝的开端。禹死后，其子启即位，宣告了部落联盟“禅让制”的结束和封建世袭制的开始。

夏朝（公元前2033—公元前1562）是中国历史上第一个世袭制王朝，历时400多年，共传14世，有17位君王“后”[①]。夏朝末期，黄河泛滥，民不聊生，成汤以讨伐暴君夏桀为名，发动了战争；夏桀兵败，死于南巢（今安徽寿县），夏王朝宣告灭亡。

约公元前1600年，商王汤建立商朝。商朝历时600多年，共传17世，有31位君王。公元前1300年，商王盘庚迁都至殷地（今河南安阳）。考古人员在这里发现了商朝遗址和大量的遗物，最有价值的当属甲骨文和后母戊鼎。甲骨文记录和反映了商朝的政治和经济情况，主要指中国商朝后期王室用于占卜吉凶记事而在龟甲或兽骨上契刻的文字，内容一般是占卜所问之事或者是所得结果。但甲骨文并非商代特有，早在商朝之前就已经存在。考古研究发现殷商甲骨文极有可能源自贾湖契刻符号。后母戊鼎传说是商王武丁为祭祀他的母亲而铸造的，标志着商代出色的青铜铸造技术。

后母戊鼎

约在公元前1100年，周武王姬发在牧野（今河南省新乡市）一战灭纣建周，史称西周，定都于镐（今西安市），分封诸侯，标志着封建社会的开始。西周是我国奴隶制社会由鼎盛到瓦解的时期，社会生产力比之前的商代更高，农业繁盛，文化得到进一步发展。宗法制和井田制是当时最基本的社会政治制度和经济制度。周王朝强盛时东至山东，南越长江，北到辽宁，西至甘肃。公元前770年，诸侯势力大增，王室日益衰微，周平王被迫东迁至洛邑（今河南省洛阳市），史称东周，春秋战国时代从此开始。

周王朝看似一统天下，实则是诸侯林立，最初多达25个诸侯国，他们明争暗斗，对霸主之位虎视眈眈。从武王灭商到幽王亡国，周王朝共传11代、12位君王。公元前221

---

① 夏朝统治者在位称“后”，去世后称“帝”。

年，秦灭周统一中国。

古代中国是一个独立发展的文明古国，有其独特的发展道路。近年来大量的考古证明我们的祖先勤劳务实，尤其重视生活的实用性和经验性，他们不仅发展出了一套政治和文化的体系，也创建了农业、医学、天文和算术等方面的科学技术体系。

在农业方面，从殷墟中出土的甲骨片上就有许多相关的记载。到了西周时期，基本形成了农业为主、畜牧业为辅的生产格局。这就决定了人们逐步学会对土地的保护和管理，包括精耕细作、防涝保湿等。为了与自然灾害抗衡，从春秋战国时期就开始修建水利工程，包括抵御旱灾的灌溉工程、抵御水灾的堤防工程，以及运河工程。例如，公元前256年，也就是秦昭襄王51年，四川太守李冰主持修建了著名的都江堰水利工程，使得水患不断的成都平原成为"水旱从人"的沃野良田。公元前246年，即秦王政元年，秦国的国力已日渐强大，并吞邻国的企图昭然若揭，首当其冲的是韩国，而此时的韩国却孱弱到不堪一击的地步，随时都有可能被秦并吞。韩桓惠王为了诱使秦国把人力物力消耗在水利建设上，无力进行战争，采取了"疲秦"策略。这个策略就是派遣韩国著名的水利工匠郑国入秦，游说秦国在泾水和洛水间穿凿一条大型灌溉渠道。此举表面上是帮助秦国发展农业，真实目的是要耗竭秦国实力，使秦国无力扩张。最后的结果是这条"郑国渠"造福一方，使得泾河、洛河两岸旱涝保收，秦国国力反而大增。

郑国渠首遗址

在医药方面，中国人自古认为食药同源，在文字出现之前就有了"神农氏尝百草"的传说，而真正开启中国医学之门的当属公元前5世纪的扁鹊，他发明的"切脉、望色、闻声、问病"四诊法一直沿用至今。扁鹊精于内科、外科、妇科、儿科、五官科等，治疗手段也由单一的汤药发展为砭刺、针灸、按摩、导引、热熨等方法，被后人尊为医祖。扁鹊还十分重视疾病的预防，如他曾多次劝说蔡桓公及早治疗疾病等。由此可见，中医的防病于未然的思想历史悠久。《黄帝内经》是第一部中医学集大成之作，全面论述了医学理论的各个方面。它包括“素问”和“灵枢”两部分，共 18 卷、162 篇。这部医学著作起始于战国晚期，后经过多次补充完善流传至今。

中国古代的天文学是在农牧业生产和生活需要的基础上产生的。大约在尧舜时代就有了专职的天象官，主要工作就是观象授时，后来发展到通过观察天象来确定季节和编制历法。例如，在《易经》中就有这样的描述：“观乎天文，以察时变；观乎人文，以化成天下。”《尚书·尧典》中提到“尧复遂重黎之后，不忘旧者，使复典之，而立羲、和之官”，“明时正度，则阴阳调，风雨节，茂气至，民无夭疫”。占卜术兴盛起来后，还有“天垂象，见吉凶，圣人象之”的说法。由此可见，古代天文学主要服务于农业、计时和占卜。流传下来的最古老的历书有两部，一部是《夏小正》，它其实就是一部农历，但书中有许多关于气象、星象和物候等方面的叙述；另一部是《月令》，主要记载了每个月的天象特点。世界上最早的天文学著作当属《甘石星经》，它是由战国时期齐国甘德的《天文星占》和魏国石申的《天文》合辑而成，是当时最权威的天文观测资料。

中国古代算术方面的成就体现在 10 进制的记数方法上，这一点从出土的甲骨文中可以得到印证。记数的发展催生了记数工具——算筹，算筹最早出现在何时、何地，已无法考证。但到春秋战国晚期，算筹的使用已经非常普遍。据《孙子算经》记载，算筹记数法则是：“凡算之法，先识其位，一纵十横，百立千僵，千十相望，万百相当。”这种方法就是 10 进制记数法，这是当时世界上最为先进的记数法，也是中国人民对世界文明的一大贡献。

大约在公元前 3000 年，中国先民已经掌握了青铜冶炼技术。青铜器技术以商周时期最为成熟，例如，1939 年出土于河南省安阳市武官村的后母戊鼎是商后期（约公元前 14—公元前 11 世纪）的铜器，鼎高 1.33 米，口长 1.1 米，口宽 0.79 米，重 832.84 千克；商后母戊鼎是目前已知的中国古代最重的青铜器，这充分说明了商代后期的青铜铸造不仅规模宏大，而且组织严密、分工细致，足以代表高度发达的商代青铜文化。1986 年，四川三星堆遗址出土了大批青铜器，其中包括 2.62 米高的铜立人像、1 米多宽的凸目人面铜器等。这批精美的文物使距今 5000 多年的原始文化与距今 3000 多年的古蜀文化清晰地连接起来。

公元前 318 年，齐宣王创建了中国历史上第一所“大学”，即稷下书院，与柏拉图在雅典所创建的学园同期。柏拉图学园以传授数学知识为主要目的，稷下书院则是广招人才，自由辩论，最多时有数百上千人，最有代表性的便是儒家大师孟轲，他长住稷下 30 多年；集百家大成的荀卿，15 岁就来到齐国，是稷下书院中资格最老的一位导师，曾三任校长（祭酒）。稷下书院汇聚了儒家、墨家、道家、法家、兵家、刑家、阴阳家、农家、杂家各学派的学人，他们有王室提供的住宿和生活费用，在这里可以自由地著书立说，开展学术研究，形成了前所未有的百家争鸣的局面。

想一想

1. 地球上有史可考的古代文明发源地大致分布在哪些区域？它们有何异同？

2. 公元前 318 年，中国历史上第一所“大学”稷下书院诞生了，与它同期创建的还有雅典的柏拉图学园，二者有何不同？

3. 文明产生和衰落的标志是什么？

好书推荐

1. 李约瑟，《中华科学文明史》（上、下），上海交通大学科学史系译，上海人民出版社，2010.

2. 苏秉琦，《中国文明起源新探》，生活·读书·新知三联书店，2019.

3. 李学勤等主编，《清华大学藏战国竹简（壹一叁）文字编》，中西书局，2014.

4. 席泽宗主编，《中国科学技术史：科学思想卷》，科学出版社，2001.

拓展与延伸

第三章　古希腊的科学

1510 年，时年 26 岁的意大利文艺复兴画家拉斐尔被尤利乌斯二世指定为圣彼得大教堂及梵蒂冈教皇宫创作了大量的穹顶、宫室壁画。而位于教皇宫签字厅内的《雅典学院》因其场面宏大、立意深远，成为教皇宫内四组湿壁画中最负盛名的传世之作。

扫一扫，看视频

《雅典学院》的画面背景为一宏伟壮丽的古典式大厅，厅堂墙上画有壁龛浮雕，右为智慧女神雅典娜，左为文艺之神阿波罗，画面中荟萃了古希腊、古罗马到文艺复兴时期 58 位著名的学者和艺术家，他们个个如雷贯耳，人人熠熠生辉。这幅壁画讴歌了登峰造极的古希腊科学精神，赞美了人文主义的黄金时代。

第一节　米利都的贤哲们

米利都是位于安纳托利亚[①]西海岸线上的一座古希腊城邦，靠近米安得尔河口。公元前 1500 年左右，从克里特岛来的移民定居于此，随后，这个城市就成为爱奥尼亚十二城邦之

① 即小亚细亚半岛（Asia Minor Peninsula），亚洲西部的半岛，位于土耳其境内，陆地面积约为 50 万平方公里。

一。公元前6世纪，城邦建立了强大的海上力量，并扩张了许多殖民地。米利都曾经拥有一批著名的思想家，如泰勒斯、阿那克西曼德、阿那克西米尼等，他们被称为米利都学派。

泰勒斯(Thales)大约于公元前624年出生，于公元前548年左右去世。泰勒斯年轻时曾游学于巴比伦和埃及，在巴比伦学习了先进的天文学知识，认识了日月星辰的变化规律。在埃及他不仅学到了几何学知识，而且学会了观看天象，他甚至可能在埃及目睹了公元前603年发生的日食，也由此知道了下次日食发生的时间。这就为接下来的这个故事奠定了基础。

泰勒斯

根据历史学家西罗多德在《历史》这本著作中的描述，公元前585年，米利都的泰勒斯预言了日食发生的时间并及时阻止了一场战争的发生。当时吕底亚人和波斯人正处于一场长期的战争中，双方互有胜负，但任何一方都没有取得决定性的胜利。公元前585年5月28日，正当双方的军队准备再次战斗时，泰勒斯预言的日食发生了。这对双方的将士都起到了震慑作用，于是双方主帅停止战斗握手言和。后经中间人调和，两位国王化干戈为玉帛，并且进行了联姻，以达到和平共处的目的。据说，泰勒斯后来被奉为哲人，很大程度上是因为他预言了这次日食。

据考证，埃及的测地术由泰勒斯最先介绍到希腊，并开创了几何学的研究。也就是说，泰勒斯是第一个认识到几何学命题必要性的人。归于他名下的几何命题有许多，其中包括：

(1)圆周被直径等分；

(2)等腰三角形两底角相等；

(3)两条直线相交时，对顶角相等；

(4)两个三角形两角及其夹边相等，则这两个三角形完全相等；

(5)内接半圆上所对的圆周角是直角；

(6)相似三角形的边成比例。

希罗多德

这些定理虽然简单，而且古埃及、古巴比伦人也许早已知道，但是，泰勒斯把它们整理成一般性的命题，论证了它们的严格性，并在实践中广泛应用。这些成果显然成为后来《几何原本》的基础。

作为西方世界的第一位自然哲学家，泰勒斯不仅在天文学、几何学方面有所建树，在自然科学的其他方面也有思考。按照亚里士多德的记述，泰勒斯说过“磁石具有灵魂，因为它吸引铁运动”，说明泰勒斯已经知道了磁铁的基本属性。

泰勒斯在天文学、几何学以及磁学等领域的成功实践，激发了他探索自然界的雄心壮志。他试图用具体的、可证明的事物对世界的本质做出解释。

泰勒斯认为，水是初始物质，如果没有水，任何生命都不可能存在；哪里有水，哪里就可能会出现生命，甚至会有大量的生命涌现出来。生活在潮湿地带的人可能意识不到水对生物的必要性，但是在地中海沿岸，由于夏季这里一切都会干枯，而且人们对沙漠或者半沙漠的环境非常熟悉，一场雨会造成某种类似于自然复苏的景象，因此这种景象是令人敬畏并且难以忘怀的。

泰勒斯并非超凡脱俗的圣人，而是讲究实际的聪明人。曾经有这样的描述：由于他精通天象，还在冬季的时候就知道来年橄榄将大获丰收，所以他只用很少的定金就租用了希俄斯和米利都的所有橄榄榨油机，而冬天的租金是很低的，因为没有人和他竞争。到了收获的季节，榨油机的需求量是很大的，这样他就可以用他满意的任何价格将榨油机再租出去，因此赚了一大笔钱。

米利都的阿那克西曼德(Anaximander，公元前 610—公元前 545)是泰勒斯的同胞、朋友和学生，他比泰勒斯小 15 岁，也曾接受过泰勒斯的指导和鼓励。他与泰勒斯有一些共同之处，那就是热衷于揭示事物的本质。他在晚年还写了一部专著《论自然》，也许在书中阐述了他对自然的认识和解释，但现在已无从考证，因为这本著作只留下了很少的内容，大部分已经遗失了。

阿那克西曼德一生最出色的工作，就是对日圭的使用。他根据日影的长短判断方向、测定季节、推算历法等；这项发明被人类沿用达几千年之久，是人类在天文计时领域的重大发明①。

日晷

日圭

阿那克西曼德没有像泰勒斯一样游学于巴比伦和埃及，但他却绘制了人类历史上第一幅“世界地图”，这幅地图以希腊为中心，欧洲和亚洲在其周围，最外围是海洋。阿那克西曼德与泰勒斯一样，都认为世界具有统一性，尽其所能解释一些具体的问题，但他的物质观与泰勒斯却截然不同。泰勒斯认为，万物源于水；阿那克西曼德认为水不是原初的物

---

① 日圭也叫圭表，与日晷的主要区别在于：日晷主要是根据日影的位置来判定当日的时辰或刻数，是我国古代较为普遍使用的计时仪器；而阿那克西曼德那个时代的天文学家利用日圭确定一年和一天的长度、基本方位、正午、冬至、夏至、春分和秋分以及四季的长度等。

质。原初的物质应该是一种无形的、不确定的东西，这种东西是什么？他不知道。因此，由于没有任何实际的物质，他把它称作无定形，这就意味着感受不到。这种无定形的原初物质是不确定的，它们是潜在的万物。阿那克西曼德对自己所处的世界也有其独特的论点，他认为世界是一个循环体系。岩石和泥土等会落到最底层，水处于稍高的地方，烟和气体会在最高处，或者说轻的东西会上升到高处，重的东西会降落到低处。这种循环的运动是永恒的，其根源来自宇宙的创造和毁灭的力量。阿那克西曼德还构想了一种广义的宇宙论，他认为宇宙在一个无界的空间中无限持续，他的这一观点更接近现代的宇宙论。关于生命的起源问题，阿那克西曼德认为，第一批动物是在水中被创造出来的，那时这些水中动物被厚厚的外壳包裹着，就像我们熟知的鳄鱼或者河马一样，后来这些动物在干燥的陆地上发现了新的食物和住所，它们就丢弃了外壳以适应新的环境；人很可能是从其他动物演变而来。这些观点也许为后来的达尔文的进化论奠定了基础。

米利都的阿那克西米尼(Anaximenes，公元前 588—公元前 524)是阿那克西曼德的后继者，但他并不认同阿那克西曼德的物质观，他认为物质的本源应该是确定的，但水可能不是本源，因为它太容易被感知。如果一阵风吹过，人可以感知风的存在，这种感知也会随着风的消失而消失。于是他选择空气作为原初的物质，因为人和动物都离不开空气。在物质观方面，阿那克西米尼与泰勒斯持有相同的观点，那就是自然界具有统一性。阿那克西米尼甚至认为，我们生活在一个圆盘上，这个圆盘浮在空气之上，就像我们看到的太阳、月亮一样都是大圆盘，都是被空气托起的。遥远的恒星就像帽子一样在我们的头顶旋转，而不是像埃及人认为的那样绕着我们旋转，当太阳和月亮看不见的时候，那是它们躲到山的背后了。我们不得不佩服米利都贤哲们的想象力，在公元前 500—公元前 600 年，他们已经超越了人类的生存需求，去追求精神层面的东西，并且形成了独一无二的物质观和宇宙观。

阿那克西米尼

米利都的地理学家赫卡泰乌斯(Hecataeus，公元前 550—公元前 476)大约生活在公元前 6 世纪中叶，也就是米利都被波斯所征服的年代。他所接受的教育一方面来自米利都的传统，另一方面也受到波斯人的影响。生活在波斯人统治的米利都，赫卡泰乌斯内心充满了矛盾，一方面希望有一个安定的生活，另一方面又希望自己的民族能够强盛起来，赶走侵略者。然而，凭借一己之力无法改变任何现状，最后他只好选择出走。关于这一点可以从他的著作中得到印证，赫卡泰乌斯一生大概写过两本书，一本叫《谱代记》，收集了大量有关各地民族起源、城邦建立者的传说、神话。另一本叫《大地旅行记》，记录了他游历希腊、小亚细亚、埃及各地的见闻，重点在于各地的地理情况，因此后世称他是地理学的创始人。

赫卡泰乌斯

米利都的历史学家卡德摩斯(Cadmos)生活在公元前

6 世纪中叶。公元前 540 年的卡德摩斯正处在青壮年时期，此时米利都人的成就已经相当可观，他们不仅对自然进行了探索，而且文化水平也相当高。遗憾的是在公元前 546 年，米利都被波斯人占领了。此时的米利都原居民充分感受到了自己民族文化的伟大，人们渴望将祖先留传下来的文明继续传承下去。卡德摩斯在某种程度上实现了他们的愿望，他以散文形式记述了有关米利都的建立过程和爱奥尼亚的历史。他的著作一共有 4 卷，颇具规模。当时的文字是楔形文字，书写工具是芦苇，书写材料是泥板，遗憾的是由于受到书写材料、战争和自然灾害等的影响，这部巨著没有保存下来。

第二节　毕达哥拉斯的宇宙观

在《雅典学院》这幅壁画中，虽然没有泰勒斯，却有一位与泰勒斯有缘之人——毕达哥拉斯，下图中手捧书本、执笔书写的长者就是毕达哥拉斯。在毕达哥拉斯的身后，缠着包头巾并抻着脖子看他的是阿拉伯学者阿维洛伊。阿维洛伊身后是一个露出正脸的金发少年，据说他是乌尔比诺的小罗斐尔公爵。毕达哥拉斯右手侧是哲学家德谟克利特，他正在一边探头聆听，一边记录。德谟克利特身后柱子旁边也在做记录的是另一位哲学家伊壁鸠鲁。由此我们可以看出，在文艺复兴时期，在意大利人的心目中毕达哥拉斯是具有较高地位的。

毕达哥拉斯（手捧书本、执笔书写的长者）及其他学者

公元前 580 年左右，毕达哥拉斯（Pythagoras，公元前 580—约公元前 500）出生于爱奥尼亚地区的萨摩斯岛。这是希腊人的殖民城邦之一，与米利都隔海相望。为了躲避波斯人的暴政，毕达哥拉斯年轻时就远走他乡，周游“列国”。他的第一站是米利都，在这里他认识了泰勒斯，并且被泰勒斯的睿智和学识所吸引。泰勒斯也很欣赏毕达哥拉斯的才智，他不仅把自己的许多知识传授给了毕达哥拉斯，而且把他的学生阿那克西曼德介绍给毕达哥拉斯。这也许对毕达哥拉斯之后哲学思想的形成产生了一定的影响。后来毕达哥拉斯接受了泰勒斯的建议，前往埃及游学，那个时候埃及被公认为深奥知识的源头。毕达哥

拉斯在埃及住了相当长的时间，据说至少有22年，他学习天文学、地理学、数学和宗教知识。他从埃及回到巴比伦后，在那里研究数学、音乐和其他学科，在巴比伦生活了12年之后，又一次离开了家乡，来到了意大利南部的克罗通，在这里他开始收徒讲学并形成了自己的学派。这个学派是一个集科学、宗教和神秘色彩于一体的组织，很快赢得了当地人的信任。毕达哥拉斯本人也备受尊崇。那么，他究竟取得了哪些令人称道的成果呢？

纵观古希腊的历史，宗教的繁荣和发展在公元前6世纪达到了鼎盛。宗教与科学并存，二者之间没有绝对的界限，在许多方面甚至是并行的、相互接触的和相互关联的，毕达哥拉斯创立的这个组织类似于同胞会的形式，也是当时宗教复兴的一种表现。组织内的所有成员就像兄弟姐妹一样共享研究成果，共同保护他们的知识财产。他们穿着与众不同的服装，经常打着赤脚，过着俭朴的生活。女人与男人一样可以加入这个组织，并且发挥着重要的作用。组织内有许多禁忌，例如，不能捡起落下的东西、不能触摸白公鸡、不能进圣餐、不能从一整条面包开始吃、不能用铁棍拨火、不能让燕子在房顶上筑巢、不能穿毛织品，等等。我们现在觉得这样的禁忌滑稽可笑，但在当时的确是管理组织的有效条例。

毕达哥拉斯学派的主要贡献在数学方面，他和他的学派在数学上有很多创造，例如，将自然数区分为奇数、偶数、素数、完全数、平方数、三角数和五角数等。他们尤其对整数的变化规律感兴趣。例如，把(除其本身以外的)全部因数之和等于本身的数称为完全数(如6、28、496等)，而将本身小于其因数之和的数称为盈数，将大于其因数之和的数称为亏数。

毕达哥拉斯学派认为的数只局限于正整数，他们认为万事万物之间的关系都可以归结为整数与整数之比。可是有人发现$\sqrt{2}$就不是整数之比的结果，这个发现令毕达哥拉斯的弟子们很伤脑筋，一致认为这个发现亵渎了老师的学说。后来的毕达哥拉斯学派认识到$\sqrt{2}$确实是一个无理数，并且给出了证明。

在几何学方面，毕达哥拉斯学派证明了“三角形内角之和等于两个直角和”的论断；研究了黄金分割；发现了正五角形和相似多边形的作法；还证明了正多面体只有五种——正四面体、正六面体、正八面体、正十二面体和正二十面体。当然，还有一个重要贡献——毕达哥拉斯定理(勾股定理)。

早在公元前约3000年，古巴比伦人已经知道了如何应用这一定理，美国哥伦比亚大学图书馆内收藏的一块编号为“普林顿322”的古巴比伦泥板，上面就记载了很多勾股数。古埃及人在建筑宏伟的金字塔和测量尼罗河河水泛滥后的土地时，也应用过勾股定理。然而只有毕达哥拉斯证明了这个定理，因而西方人都习惯称这个定理为毕达哥拉斯定理。

实际上，我国最古老的天文学和数学著作《周髀算经》已经给出了对勾股定理(或商高定理)的证明。其中记录着商高与周公的一段对话：

周公问于商高曰：“窃闻乎大夫善数也，请问昔者包牺立周天历度——夫天可不阶而升，地不可得尺寸而度，请问数安从出？”

商高曰：“数之法出于圆方，圆出于方，方出于矩，矩出于九九八十一。故折矩，以为勾广三，股修四，径隅五。既方之，外半其一矩，环而共盘，得成三四五。两矩共长二十有五，是谓积矩。故禹之所以治天下者，此数之所生也。”

该典故发生在公元前11世纪，比毕达哥拉斯早了500多年。

毕达哥拉斯学派奠定了希腊数理天文学的基础。他们认为我们生活的大地既不是阿那克西米尼所认为的圆盘，也不是阿那克西曼德所认为的圆柱面，而是一个圆球——地球，这种超时代的结论究竟是怎么得出的，现在已无从查证，我们只能猜想，他们可能观察过从大海上驶来的一艘帆船，首先看见的是桅杆和帆的顶部，其余部分是逐渐显现出来的。由此断定海洋的表面不是平面而是曲面。既然海洋的表面不是平面，那么我们生活的地面也不是平面。地球的概念也就从此诞生了。

关于宇宙，毕达哥拉斯学派认为，地球沿着一个球面围绕着空间一个固定点处的“中心火”转动，另一侧有一个“对地星”与之平衡。这个“中心火”是宇宙的祭坛，是人永远也看不见的。当时已经知道的天体有九个，分别是：地球、月亮、太阳、金星、木星、水星、火星、土星和恒星天，这显然不符合毕达哥拉斯学派“十全十美”的哲学观点，于是一个在地球上看不见的天球被创造出来了，命名为“对地”，意思是与地球相对。毕达哥拉斯对宇宙的猜想简单而和谐：宇宙的中央是“中心火”，这是宇宙的祭坛，地球与“对地”分别位于“中心火”两侧，人类居住的地球背对着“中心火”，所以既看不到“中心火”也看不到“对地”。所有天体都围绕“中心火”转动。那么接下来的问题是，这十个天体之间的距离是多少，他们会不会发生摩擦或者碰撞呢？这也许正是毕达哥拉斯考虑的问题之一。

据说，毕达哥拉斯有一次路过铁匠铺，他被铁匠铺发出的“叮叮咚咚”的声音所吸引，走过去一看，原来是不同重量的铁块发出不同的音节。回家后他继续研究，并且以琴弦为研究对象，终于得到了这样的结论：这十个天体到“中心火”之间的距离，同音节之间的音程具有同样的比例关系，这种比例关系保证了天体之间的和谐。

这个传说是否属实，现在已无从查证。但是在公元前6世纪，希腊人和其他古代民族已经获得了相当多的关于弦乐器的知识，当时就有了三角竖琴和七弦琴。会弹琴的人都知道，通过在一定的部位按压琴弦或者改变它们振动部分的长度，就可以演奏出不同的声音，并且使声音的组合悦耳动听。毕达哥拉斯研究琴弦也许不是为了弹出好听的音乐，而是以科学家的视角研究同一琴弦中不同张力与发音音程之间的数量关系。这些研究很有可能启发他想到了万物的本源问题。

如前所述，毕达哥拉斯年轻时曾经游学于米利都，他了解爱奥尼亚学者的物质观。米利都的泰勒斯认为水是万物之源，如果没有水，任何生命都不可能存在。阿那克西米尼则认为物质的本源不可能是水，他选择空气作为原初的物质本源。另一位学者阿那克西曼德认为水和空气都不是原初的物质，原初的物质应该是一种无形的、不确定的东西。也许从那个时候开始关于物质本源的问题就一直萦绕在毕达哥拉斯的脑海中。通过对琴弦的研究，他得出了一个意想不到的结论：万物皆为数，或者说数才是万物的本源。

他的这一结论虽然经不起分析，只存在于他所创设的那种朦胧的神秘的形态中，但是毕达哥拉斯创造的这种数字哲学却对后来的哲学产生了深远的影响。

第三节　苏格拉底的思辨情怀

公元前5世纪初，波斯帝国入侵希腊，爆发了世界史上著名的波希战争。由希腊主导的提洛同盟(也称雅典海上同盟)战胜了强大的波斯帝国。战后,雅典因占主导地位,在经济、政治和文化方面迅速得以繁荣,古希腊进入了黄金时代,苏格拉底就生活在这个时代。

苏格拉底(Socrates,公元前469—公元前399)出生在雅典一个普通公民的家庭。他的父亲苏福罗尼斯库是个雕刻匠,母亲费纳瑞特是一个助产妇。苏格拉底的父母虽然不是达官显贵,却拥有正当的职业,所以他的家境并不贫寒,这为苏格拉底以后接受良好的教育奠定了基础。苏格拉底的父亲希望儿子能子承父业,而苏格拉底似乎也没有更好的职业选择,于是接受了雕刻匠的职业培训。随着年龄和阅历的增长,苏格拉底表现出了对哲学的兴趣,这种兴趣在雅典很容易被激发并得到满足——当时正值全希腊的智者从各地云集雅典,给雅典带来了许多新知和自由论辩的新风尚。这里的剧院、集市和街头巷尾处可见来自其他城邦的学者进行哲学辩论。这种辩论使得苏格拉底受益匪浅,他从中获得了有关算术、几何学和天文学的知识。

作为雅典的公民,苏格拉底深爱着自己的祖国(城邦),他曾三次参军作战,当过重装步兵,在战争中表现得顽强勇敢,并不止一次在战斗中救助受伤的士兵。此外,他还曾在雅典公民大会中担任过陪审官。他甚至认为自己是神赐给雅典人的一个礼物、一个使者,任务就是帮助雅典的年轻人探求对人最有用的真理和智慧。因此他一生的大部分时间是在公众场合与各色人等谈论各种各样的问题。关于这一点,我们可以从他的学生色诺芬的《回忆苏格拉底》中得到印证①。

苏格拉底常常出现在公共场所,他总是在清晨很早去那里散步,并且进行体育锻炼;上午,总可以在市场上看到他;在其余时候,凡是人多的地方,多半他也会在那里;他常做演讲,凡是喜欢的人都可以听他演讲。但从来没有人看见过苏格拉底做过什么不虔诚或者反对宗教的事情,或者说过这类话;他甚至不讨论其他演说者所偏爱的话题"宇宙的本性",避免推断智者所称的"宇宙"是怎样产生的,天上的现象是被什么规律制约的。相反,他总是力图证明为这样的问题而费神是愚妄的。首先他常问是不是因为这些思想家们以为自己对于人类事务已经知道的足够多了,必须寻找自己新的领域来训练他们的头脑,还是因为他们的任务就是忽略人类事务,而只研究天上的事情。更令他感到惊讶的是他们竟然不能看出人类无法解开这些谜。因为即使那些最自以为是的谈论这些问题的人,他们彼此的理论也互不一致,而是彼此如疯如狂地相互争执着。因为这些疯狂的人对于危险毫不惧怕,另一些人则惧怕那些不应当惧怕的事情;有些人在人面前无论做什么说什么都不觉得羞耻,而另外一些人则甚至害怕走出去和人们在一起;有些人对于庙宇、祭坛或者任何奉献给神的东西都毫不尊重,另一些人则崇拜树干、石头和野兽。因此,他容忍那些考虑"宇宙的本性"的人。有些人认为存在就是一,而另外一些人则认为有无数的世界;有些人认为万物是在永远地运动,另一些人则认为没有任何物体在任何时间是运动的;有些人认为所有生命都是有产生和衰亡,另有一些人则认为不可能有任何东西曾经产生和灭亡。对于这些哲学家,他所问的不止这些问题,他说,研究人类本性的人认为,他们将为了

① 萨顿.希腊黄金时代的古代科学[M].鲁旭东,译.郑州:大象出版社,2010:322-323.

他们自己和他们所选择的其他人的利益，在适当的时候把他们的知识付诸实践。但是那些探究天上现象的人是否会想象，当他们发现这些现象和规律时，他们也能按照自己的意愿制造出风、雨、不同的节令以及他们可能需要的东西来吗？也许他们并没有这类的期望，而是仅以知道各种现象的原因为满足。

这就是他对于那些从事这类问题研究的人所做的评论。他自己的谈话总是围绕一些关于人类的问题。他讨论的问题有：什么事情是敬神的，什么事情是不敬神的；什么是美的，什么是丑的；什么是正义的，什么是非正义的；什么是审慎，什么是疯狂，什么是勇气，什么是怯懦；什么是国家，什么是政治家，什么是政府，什么是统治者；他认为通晓这些以及其他类似的问题就会造就一个"绅士"或者爱国者。

色诺芬所描述的苏格拉底是一个理性的、真善的、有担当的智者。

我们知道，在苏格拉底之前，希腊的贤哲如泰勒斯、毕达哥拉斯等主要研究宇宙的本源是什么、世界由什么构成等问题，后人称之为"自然哲学"。苏格拉底认为再研究这些问题对拯救国家没有什么现实意义。苏格拉底深知，由于希腊经过连年战火，政治动荡、经济萧条，雅典的民众生活异常困顿，大多数人还在为果腹而犯愁。而现在大街上的智者们却仍在讨论那些不着边际的话题。苏格拉底对此非常气愤，他认为应该先抛开那些空洞的难以理解的对象，去关心一下身边的事务和身边的人。

在这些对于人至关重要的问题上，苏格拉底认为人是非常无知的，因此需要通过批判的研讨去寻求真正的正义和善，达到改造灵魂和拯救城邦的目的。苏格拉底说："我的母亲是个助产妇，我要追随她的脚步，我是个精神上的助产士，帮助别人产生他们自己的思想。"他还把自己比作一只牛虻，是神赐给雅典的礼物。神把他赐给雅典的目的，是要用这只牛虻来刺激这个国家，因为雅典好像一匹骏马，但由于肥大懒惰变得迟钝昏睡了，所以很需要一只牛虻紧紧地叮着它，随时随地责备它、劝说它，使它能从昏睡中惊醒而焕发出精神。

苏格拉底一生过着朴素的生活。无论严寒酷暑，他都穿着一件普通的单衣，经常不穿鞋，对吃饭也不讲究。但他似乎没有注意到这些，只是专心致志地做学问。因为他相信他已接受了明确的使命，这就是关心他的同胞的灵魂、向他们传授真和善，而遵守神的命令则是他的义务。关于这一点可以从柏拉图的《苏格拉底的申辩》中得到印证[①]。

我知道，是神让我这样做的，我确信，对这个城市来说，再没有比我遵循神的旨意行事有更大的好处了，我走出去不做别的，就是去说服你们这些年轻人和老年人，要更多地关心你们灵魂的完善，而不是关心你们的身体和你们的财产。我要告诉你们，财富不能带来美德，而美德能带来财富和其他一切对人有益的东西，无论对个人还是对国家，都是如此。如果我说了这些，就会腐蚀青年，那么这些一定是有害的；但如果有人断言我所说的不是这些，那他一定是在胡说。所以我要对你们说，雅典的人们，无论你们是否按照安尼图斯（起诉苏格拉底有罪之

① 同上：326.

人)所说的去做,是否准备宣告我无罪,要知道我是不会改变我的行为的,即使我要为此死去许多次。

在雅典恢复奴隶主民主制后,苏格拉底被控以藐视传统宗教、引进新神、腐化青年和反对民主等罪名,被判处死刑。柏拉图在《克里托篇》中写到,克里托是苏格拉底的一个挚友,一个富有的人,当苏格拉底被判刑后,他多次探监并劝说苏格拉底逃走。有可能他已经与法官们达成了某种默契,但苏格拉底拒绝了。他强调,一个公民的义务就是遵守这个城邦的法律,即使这个法律并不公正,不公正是不能用不公正来纠正的。如果这个城邦判处他死刑,任何对这一审判的逃避都是一种背信行为。他拒绝了朋友和学生要他乞求赦免和外出逃亡的建议,从容地饮下毒药而死。

苏格拉底死得非常有尊严,他没有抱怨法律,没有谴责社会,更没有仇恨起诉者。当面对死亡时他所表现出的是克制和优雅,这是一个正义和高尚之人的死。他的死,进一步激发了他的嫡传弟子的崇拜之情。我们可以从色诺芬和柏拉图的文字中看到这位古希腊哲学家为追求真理所付出的努力。

苏格拉底的某些思想对科学的发展影响深远。首先,他坚持对所讨论的事情进行清晰的定义和分类。如果我们对我们所谈论的事情没有一个正确的认识,那么这种讨论就毫无意义。这种观点在科学研究中甚至比哲学讨论更为重要。其次,他运用了逻辑推论和辩证法。苏格拉底自比助产士,在谈话中用剥茧抽丝的方法,使对方逐渐了解自己的无知,而发现自己的错误,建立正确的知识观念。他认为科学家需要能够进行没有逻辑缺陷的论证,否则,他们会得出错误的结论。再次,他深刻认识到法律的重要性并尊重法律。苏格拉底认为城邦的法律是公民们一致制定的,应该坚定不移地去执行,遵守法律,可以使城邦强大;严守法律,可以使人民幸福。一个城邦的理想状态必须是人人从内心守法,这既是苏格拉底一生的理想和信仰,也是他最后慷慨以身殉法的内在动力。道德的约束和法律的严明是科学健康发展的必要条件,一个没有道德底线、对法律没有敬畏之心的公民不可能成为一个优秀的科学家。最后,他的理性怀疑论为科学研究提供了基础。科学家在进行科学研究之前首先要做的是心甘情愿地唾弃那些以偏见和迷信为基础的做法。也就是说科学家需要尊重事实,而不是尊重权威,不被传统观念束缚,有勇气否定自己。

许多科学家很难认识到以上四点的重要性,但是在公元前5世纪苏格拉底却充分地认识到了,他坚持这些观点并且不计个人得失,就凭这一点,他在科学史上就应该拥有很高的地位。

第四节 柏拉图创办的学园

苏格拉底的言论,主要是由他的学生记录整理而留传给后人的。他的教育主张首先是培养人的美德,教人学会做人,成为有德行的人;其次是教人学习广博而实用的知识。他认为,治国者必须具备广博的知识。他说,在所有的事情上,凡受到尊敬和赞扬的人都是那些知识最广博的人,而受人谴责和轻视的人,都是那些最无知的人。最后,他主张教人锻炼身体。他认为,健康的身体无论在平时还是在战时,对体力活动和思维活动都是十分重要的。而健康的身体不是天生的，只有通过锻炼才能使人身体强壮。

作为苏格拉底的嫡传弟子，柏拉图不仅践行了老师的教育理念，而且使其发扬光大。

柏拉图(Plato，公元前427—公元前347)出生于雅典，他的父亲阿里斯通和母亲珀里克提俄涅都出生于贵族之家。他的家境优裕，从小受到良好的教育。他在20岁那年遇到了苏格拉底，从师学习共8年。他是苏格拉底的得意门生之一。他的文法、修辞、写作成绩优秀，并对文学很感兴趣，写过不少诗歌及其他文学作品。他身体健壮、体力过人，非常喜爱体育活动，擅长多项运动项目。他也喜爱音乐和绘画，并有较高造诣。年轻的柏拉图立志从事政治，他参加过伯罗奔尼撒战争，表现得十分勇敢。公元前399年，苏格拉底因为“腐化青年”的罪名判处死刑。这件事情对柏拉图影响极大，他对政治失望透顶，从此不再参加任何政治活动。

在苏格拉底赴死之后，柏拉图和其他弟子们避难到麦加拉(位于雅典和科林斯湾中间)，柏拉图在这里并没有停留很长时间。在随后的12年间，他游历了许多地方，如文明古国埃及、北非的希腊殖民地昔勒尼、意大利南部城市他林敦、西西里岛的城邦叙拉古等。在返回雅典途中，他不幸被海盗抓去当了奴隶，幸遇朋友相助将他赎出，送回雅典，那年他已40岁。

回到雅典的柏拉图，深感教学的重要性，他要将自己所学教给年轻人。但他并不完全赞同他的老师苏格拉底那种随意的教学方式，他认识到了在一个固定的地方建立一所学校的重要性。于是他选址在雅典西城门外不远处，这是非常明智的选择。因为在很长一段时期这里曾被奉为圣地，用墙围起来献给希腊女神雅典娜。这里有一片橄榄树林、一个花园和一个运动场。柏拉图选择这里用作教学的场所，除了环境优美，还有一个原因，那就是他的家族拥有邻近地区的地产。我们可以联想到，在柏拉图时代，这里已经有了一些建筑，例如一个类似于小教堂的建筑或者神殿。也许还有几间供教师和学生使用的宿舍，以及一些为了聚会、授课和吃饭用的大厅。考虑一下雅典的气候，很有可能相当多的教学是在小树林或者廊柱下进行的。在这里人们既可以避免阳光的暴晒，又可以享受户外的环境。这就是人类历史上第一所“大学”的雏形。

柏拉图创办的学园，命名为“阿卡德米”，后来成为“学会”或“研究院”的代名词。柏拉图本人的品格就是魅力的中心，很多年轻人慕名而来，他们很快就接受了这种新颖的学习方法。学园的教育目标从一开始就很高，希望引起学生对知识和智慧的爱，使他们成为哲学家或者政治家。柏拉图采用的是启发式教学方法，这一点延续了苏格拉底的传统。但是要学好哲学还需要学习许多基础课程，这些课程包括几何学、天文学、音乐和算术等。据说柏拉图在学园门口竖起一块牌子，上面醒目地写着这么一句话：“不懂数学者不准入内。”由此可见他对数学的偏爱程度。

学园从公元前387年开始招生，直到公元前347年柏拉图去世，一直由柏拉图主持工作，初期他沿袭毕达哥拉斯学派的理想——追求知识就是思想净化的最高境界。学生们来到这里学习知识，不是为了获取学位证书或者培养谋生的技能，而是一种隐形的荣誉。后来教学内容有所变化，不仅教授知识的原理、教育的原理，还讲授伦理学和政治学的原理。柏拉图去世不久，他的外甥斯彪西波后接替他主持学园的工作。公元前270年，克拉特斯接任，他们继承了柏拉图的教育理念，并且留下了许多著作。在克拉特斯之后，阿尔凯西劳主持的学园开始有了一种新的色彩——质疑论，人们把这个时期的学园称作第二学园。公元前1世纪，拉里萨的斐洛和阿什凯隆的安条克把学园的各种学说传播到了罗马世界(学园各个时期的主持人一览见表3-1)。公元前86年，雅典被苏拉围困，由于需要木材，苏拉砍掉了学园那片宝贵的树林，于是学园被迫搬到了城里，一直到战事结束。529年，查士丁尼以"学园都是异教徒和传授不正当的学问"为由，将其查封。至此，延续了近千年的学园永远地关上了大门。

表3-1　学园各个时期的主持人一览

顺序	姓名	活动时间	说明
1	柏拉图	公元前387—公元前347年	创建学园
2	斯彪西坡	公元前347—公元前339年	
3	塞诺克拉底	公元前339—公元前315年	
4	波勒谟	公元前315—公元前270年	
5	克拉特斯	公元前270—公元前241年	
6	阿尔凯西劳	公元前241—公元前213年	创建第二学园
7	卡尔尼德	公元前213—公元前129年	创建第三学园
8	斐洛	不详	创建第四学园
9	安条克	不详	创建第五学园

查士丁尼虽然关闭了学园，但却关不住知识的传播，解散后的教师们带着希腊的科学和智慧的种子来到了强大的波斯帝国，使得希腊的科学和学园精神得以继续发扬光大。学园对人类最大的贡献就是保存了希腊的文化。

柏拉图在数学方面的具体贡献不详，但是在柏拉图所处的时代，数学演绎方法已经建立起来。当时非常重视对立体几何的研究，也知道了正多面体，即正四面体、正六面体、正八面体、正十二面体和正二十面体，还发现了圆锥曲线、抛物线、椭圆和双曲线。

在天文学方面，柏拉图与毕达哥拉斯一样，深信天体是和谐统一的，是神圣和高贵的，而匀速圆周运动是一切运动当中最完美、最高贵的运动，所以，天体的运动理所当然是匀速的圆周运动。

柏拉图非常重视教育，认为抓好教育应是统治者的头等大事。他主张教育应该由国家来负责，由国家实行严格管理，教师应由国家聘请，教什么内容应由国家审查。他认为，所有公民，不分男女，不论是统治者还是被统治者(奴隶除外)，都应从小受到强制性的教育。他提出的教育内容非常广泛，主张受教育者应该德、智、体和谐发展。他提倡早期教育，是最早提出胎教的人。按照他的主张，儿童接受学前教育应该愈早愈好，而学前教育应以游戏为主。

柏拉图的阿卡德米学园培养了大批优秀的学生，其中最优秀的当数亚里士多德。但亚里士多德创立了与老师不同的哲学体系，曾使柏拉图非常难过。他说，我就像一只年老的母鸡，可这只小鸡还忍心伤害我。但亚里士多德也留下了一句名言："吾爱吾师，吾尤爱真理。"

第五节　亚里士多德的研究成果

亚里士多德(Aristotle,公元前384—公元前322)出生于色雷斯的斯塔基拉,他的母亲名叫菲斯蒂丝,父亲叫尼各马可。他的家庭是一个医学世家,后来他的父亲成为马其顿国王的御医,于是亚里士多德随父母移居到那时的马其顿首都,并在马其顿接受教育。得益于父亲的工作,亚里士多德对宫廷生活有了一定的了解。17岁那年,他被送去雅典接受教育,在柏拉图的学园度过了他的青年时代。柏拉图很赏识他诚实稳重的性格和朝气蓬勃的活力,称亚里士多德为好学之人和有才智的人。

亚里士多德在雅典生活学习了20年,最初作为柏拉图学园的正式学生,不仅聆听到老师在数学和天文学方面的教诲,而且深受柏拉图教育理念的影响。当柏拉图去世后,他的外甥斯彪西坡成了学园的继任园长。亚里士多德在此时决定离开学园,也就是公元前348年。离开学园的亚里士多德受到同窗好友赫尔米亚的邀请,来到了阿索斯一所新建的学园工作,这所学园被当作"阿卡德米"学园的分校(因为在柏拉图去世后,许多教师也来到这里任教)。公元前347—公元前344年,亚里士多德在阿索斯度过了3年美好的时光,这期间他多次外出旅行,对动物和植物进行了大量的观察和研究,为他形成并发展自己的哲学思想打下了基础。

公元前343年,亚里士多德应马其顿国王腓力二世的邀请,担任亚历山大王子的老师,这一年这位王子只有13岁。3年之后他不得不接替父亲的王位,这就是后来威震世界的马其顿国王亚历山大大帝。在亚历山大继承王位后不久,这位年轻的国王就开始镇压巴尔干和希腊的起义军。公元前335年,亚里士多德回到了雅典,在吕克昂建立了一所新的学校和研究中心——吕克昂学园,并且在这里形成了自己的学派。他和学生们时常在花园中一边散步一边讨论问题,学园里洋溢着安详而悠闲的氛围,于是,他们被称为"逍遥学派"。

亚里士多德一生结过两次婚,第一任妻子是阿索斯的皮迪亚斯,他们生育了一个女儿,取名也叫皮迪亚斯;第二任妻子是赫皮丽丝,他们育有一个儿子,取了爷爷的名字,叫尼各马可。亚里士多德著名的伦理学专著就取名为《尼各马可伦理学》。公元前323年,功成名就的亚历山大大帝走完了自己的人生历程,撒手人寰。这时候雅典的反亚历山大派又恢复了势力,他们把复仇的目标首先锁定为亚里士多德和他的吕克昂学园,原因很简单,这所学园一直以来受到亚历山大大帝的支持。为了避免雅典人重蹈覆辙——像对待苏格拉底那样对待自己,亚里士多德回到了自己的故乡。几个月后他因病去世,享年62岁,这一年是公元前322年。

亚里士多德是一位百科全书式的传奇人物,他一生著作等身,研究范围覆盖了逻辑学、物理学、天文学、气象学、植物学、动物学、心理学、伦理学、经济学、文学等领域。他虽然没有专门的数学著作,但在许多著作中都有对数学问题的讨论。

亚里士多德虽然受教于柏拉图,但他不同意老师的"理念"哲学。柏拉图认为存在一种神圣和高贵的东西,这种东西不为现实所困,不为我们日常所见所闻,哲学的真正目的是把握理念。亚里士多德则认为事物的本质寓于事物之中,是内在的而不是超越的。他特别注重经验和观察,他的哲学理想是发现真理,这种理想总是远远地领先于一般人,这就好比在黑暗中的领路人,虽然有时难免走弯路,但总是尝试着走向光明。由于他重视观察和经验,因而在许多领域取得了研究成果。

在物质观方面,亚里士多德已经大大地超越了泰勒斯等人的单元素说,他认为地上的物体是由土、水、气、火四种元素组成,这些物体都遵循天然的运动规律,即重物自然下沉、轻物自然上升。土和水是重性的,自然会向下运动,比如灰尘会下落,雨水会下降;土比水更重性,所以土在水的下面。气和火是轻性的,自然会向上运动,比如火苗会上窜,蒸汽会上升。气比火更轻性,气位于火之上。物体所含重性越多,下落的速度越快,因此所有的重物比轻物下降快,这都是天然的运动规律。除此之外,还有非天然的运动,如人推动一物体,人推则物体运动,人不推则物体也不动。由此他得到了这样一个结论:力使得物体运动。他涉及物理学的著作有《物理学》《论生灭》《论天》《天象学》和《论宇宙》等。

在天文学方面,亚里士多德认为,天体与地上的物体由截然不同的两种物质组成,地上的物体由四元素组成,而天体是由一种纯洁无瑕的"以太"组成,这种高贵的纯洁的物质是无色、无味且透明的。天体的运动是永恒的、匀速的、完美的圆周运动。他试图给出天体的运动解释,即通过天球的组合来解释天体的运动。这个组合模型组成了"九重天",依次是月亮天、水星天、金星天、太阳天、火星天、木星天、土星天、恒星天和原动天。所有的星体都镶嵌在相应的天球上,宇宙的边界是原动天,原动天静止不动,它是上帝也是第一推动力,它首先推动恒星天转动,恒星天又带动所有天球围绕地球转动,地球作为旋转中心静止不动。

亚里士多德不仅是古希腊的物理学家和天文学家,还是一位杰出的博物学家。他的研究领域包括但不限于动物学、植物学、医学、胚胎学等,成果收集在他的专著中,如《动物志》《论动物的构造》《论动物的运动》《论动物的行进》和《论动物的生殖》。这些专著信息量都非常大,非一个人能力所为。如他曾经将500多种不同的植物和动物进行分类,至少对50种动物进行了解剖研究,指出鲸鱼是胎生的,还考察了小鸡胚胎的发育过程。所以我们猜测许多标本可能是他的学生提供的,包括亚历山大大帝执政以后也为他提供了各种便利。

作为吕克昂学园的首任园长,亚里士多德在办学理念、教学方法等方面与柏拉图有所不同,柏拉图满足于永恒的和不朽的形而上,亚里士多德需要的是能感觉得到的实在的客体;在教学形式上,柏拉图沿用苏格拉底谈话的模式更多一些;而吕克昂学园已经采用了分班教学的方式,他们一般在上午对接受秘传知识的学生进行教学,晚上则为更广泛的大众上课,目的是满足不同层次听众的需要。两所学园的办学宗旨都是以教授哲学为目的,但柏拉图学园倾向于形而上学或先验哲学,即使讨论诸如教育、政治这些实践主题时亦是如此。而亚里士多德的兴趣在逻辑学和科学方面,在他的指导下,吕克昂学园成为一个集教学科研于一体的"科学院"。二者最大的差异莫过于吕克昂学园建有一座博物馆,这座博物馆是学校的一个重要组成部分。亚里士多德得到了当时最有权势的国王亚历山大的支持。亚历山大不仅提供建设资金,而且提供了大量自然物种的标本。

从公元前335年亚里士多德创建吕克昂学园开始,这所学园经历了几番起起落落,其中有详细记录的继任园长有埃雷索斯的塞奥弗拉斯特、兰普萨库斯的斯特拉托、特洛阿斯的吕科。罗德岛的安德罗尼克大约在公元前1世纪上半叶负责学园的工作;198—211

年，吕克昂学园的负责人是阿弗罗狄西亚的亚历山大。到了529年，雅典的主要哲学学校是柏拉图学园，吕克昂学园已演变为一个行政实体。

至此，人类对自然科学的研究大门才刚刚拉开了一道缝隙，更多的研究成果将会陆续展现在我们面前。

想一想

1. 苏格拉底、柏拉图与亚里士多德的思想有何传承关系？
2. 亚里士多德的物质观对文明和科学的发展有何作用？
3. 毕达哥拉斯的哲学思想对西方自然科学的发展有何影响？
4. 古希腊科学思想的特点是什么？

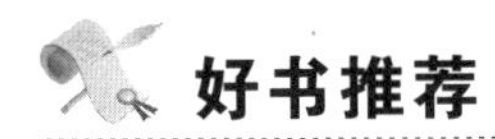

好书推荐

1. 亚里士多德，《亚里士多德选集：政治学卷》，颜一、秦典华译，中国人民大学出版社，1999.
2. 彼得·哈里森，《圣经、新教与自然科学的兴起》，张卜天译，商务印书馆，2019.
3. 吴国盛，《什么是科学》，广东人民出版社，2016.
4. 戴维·林德伯格，《西方科学的起源》（第二版），张卜天译，商务印书馆，2019.

拓展与延伸

第四章　希腊化时期的科学

扫一扫，看视频

亚历山大大帝

公元前356年的夏天，马其顿国王腓力二世的儿子亚历山大在派拉出生了。与所有帝王的子嗣一样，亚历山大注定有一个不平凡的人生轨迹。他13岁时成为亚里士多德的学生；16岁时已可以参与军事事务，并且于父亲不在朝时担起监国大任；18岁时在喀罗尼亚指挥了人生的第一次战役；19岁时其父与莱奥帕特拉结婚，宫廷阴谋迫使他与母亲奥林匹娅斯流亡到伊利里亚；20岁时其父在宫廷遇刺身亡，他成为马其顿的继任国王，时年公元前336年。

即位后的亚历山大并不满足于对希腊各城邦的统治，开始发动对东方的侵略战争。公元前334年他率军打败波斯军队，第二年又攻占了叙利亚、腓尼基和埃及。当他来到埃及的地中海岸边遥望自己的故乡希腊时，一种强烈的愿望油然而生：一定要使这里和希腊的海上交通更加便利，一定要让埃及大地与希腊一样繁荣。两年之后，亚历山大由埃及出发，与波斯军队再度决战，这一次彻底打败了波斯军队，夺取了海上的霸主地位。然而他的野心并没有停止，而是继续东征到了印度河流域，如果不是士兵水土不服，战斗减员严重，也许东征还会继续下去。

在亚历山大数十年的征战途中，所到之处始终有希腊学者跟随。这些学者有的绘制地图，有的采集标本，同时他们把希腊文化传播到更广更远的地区。一个新的帝国在地球上崛起了，这是一个横跨欧亚非三大洲的帝国。这个帝国的首都定在巴比伦，以希腊文化为统治文化。

公元前323年，功成名就的亚历山大大帝突患伤寒，33岁便撒手人寰。第二年年末，64匹膘肥体壮的骡子拉着一辆金碧辉煌、镶满珠宝的灵车，离开了马其顿帝国的新都巴比伦，前往亚历山大的故乡希腊。当护灵队伍行进到叙利亚时，突然被一支强大的军队拦截，他们胁迫灵队调头，把大帝遗体送往埃及。这支队伍的领头人就是亚历山大大帝的大将托勒密。托勒密认为，大帝应该安葬在以他的名字命名的亚历山大里亚。

亚历山大里亚是埃及的一个港口城市，亚历山大大帝曾经率领着希腊大军，来到埃及的地中海边，下令在这里建起以自己名字命名的伟大城市，并计划在海边立起一座高耸入云的灯塔，让海上的航船远远地就能望见这座灯塔和这座城市。现在，他死了，他千辛万苦统一起来的帝国又被一分为三：一部分是安提柯统治下的马其顿，一部分是塞琉古统治下的叙利亚，还有一部分就是亚历山大大帝手下大将托勒密控制的埃及。埃及的首都就设在亚历山大里亚，或者叫亚历山大城。在这里希腊人是统治者，而埃及人则被奴役。托勒密曾经在亚里士多德门下学习过，他非常重视科学文化的发展，他以政治辅助学术，使得亚历山大城出现了辉煌的科学文化。

第一节　亚历山大科学院

托勒密一世和托勒密二世酷爱建筑与科学。他们大兴土木，将首都建设得无比壮丽，成为当时世界上最庞大繁荣的城市。这里有高大的建筑、宽阔的街道，有花园、广场、体育场和喷水池。传说有4000座宫殿房屋、4000个浴室、12000名花匠、40000多纳贡的犹太人、400座剧场和其他娱乐场所。托勒密不忘亚历山大大帝的遗志，在地中海边建起被后人称为“世界七大奇迹”之一的亚历山大灯塔，塔高130多米。最值得称道的是，他们建立了人类历史上第一座科学院——亚历山大科学院。

亚历山大科学院是王宫的一个组成部分，里面有会议厅、动物园、植物园、研究院和可藏书70多万卷的图书馆。这个图书馆是当时世界上最大的图书馆。馆中的图书是用羊皮纸或把埃及纸草压制成片后书写的，几乎包括了古希腊的所有著作，还有一部分来自东方的书籍。这些书籍的收藏得益于三个有利条件：一是国家的支持，科学院当时雇用了一大批抄书的专职人员，保障了书籍进馆的速度；二是亚历山大里亚是埃及的一个港口城市，这里与希腊以及东方各地通航，所有船只到港后必须把携带的书籍上交检查，凡是图书馆没有的书籍，马上抄录，留下原件，抄录本返还原主；三是埃及纸草很多，书写材料很容易得到。在这样的条件下，古代最大的图书馆就诞生在亚历山大科学院了。

亚历山大科学院

托勒密国王对科学院都非常重视，他们设立了科学基金，为研究者提供工作和生活的费用。这些政策极大地促进了科学的发展，吸引了来自希腊各地的学者，包括欧几里得、阿基米德、阿波罗尼、托勒密（与国王同名的数学家和天文学家）等著名的科学家都曾在这里学习、工作或进行科学交流。科学院产出了许多成果，甚至设计出了最早的蒸汽机①。然而，由于当时的科学活动远远地超前于生产力，科学成果不能及时转化成生产力而造福于人类，只能存放在科学院中。

酷爱科学的托勒密一世和托勒密二世相继去世后，科学研究得到的资助和支持就逐渐减少了。许多科学家也离开了科学院，到了托勒密七世，科学院开始衰落，但科学活动仍在继续，各种发明层出不穷，如喜帕恰斯编制出1022颗恒星位置表，首次以“星等”来区分星星，并且发现了岁差现象。公元前47年，恺撒的大军攻打亚历山大城的时候，战火焚烧了图书馆，70多万卷图书化为了灰烬，只有少数存放在馆外的图书幸免于难。325年，罗马帝国的君士坦丁大帝开始利用宗教作为统治工具，他把一切科学活动都控制于宗教神学之下。392年，天主教徒焚毁了存放在塞拉庇神庙里的30万种希腊图书和手稿。415年，天主教徒残忍地杀害了亚历山大科学院最后一位重要科学家，也是古代唯一一位女性科学家——希帕蒂娅。529年，罗马皇帝下令关闭所有学校，包括存在了900年之久的柏拉图学园，同时教会也下令禁止希腊文化和科学的传播，许多学者带着希腊著作流亡到拜占庭和波斯。640年，亚历山大城被阿拉伯人占领，统治者下令收缴所有的希腊文字图书，而后，这些藏书被全部焚毁。这是对希腊文化的最后一次扫荡，迫使大部分学者逃到了君士坦丁堡②。这些逃亡的希腊学者给阿拉伯带去了宝贵的希腊文化和科学。

喜帕恰斯

亚历山大科学院历经辉煌和磨难，但最终还是给人类留下了宝贵的精神财富，对文明和科学的发展起到了非常重要的作用。

第二节　欧几里得与《几何原本》

托勒密诸代国王在统治埃及时期，不仅效仿其他希腊化城市把埃及政府管理得井井有条，而且还大兴土木，新建了一座城市——亚历山大城。这座新的城市处处呈现着繁荣的景象，不仅有来自希腊的商人和管理者，而且汇聚了许多哲学家、数学家、医生、艺术家和诗人等。公元前300年，曾经在雅典的柏拉图学园工作的数学家欧几里得应托勒密国王的邀请，来到了亚历山大科学院工作。

欧几里得（Euclid，约公元前330—公元前275）是古希腊数学家，根据相关的文献推测，他年轻时曾在雅典的柏拉图学园接受过系统的数学学习，由于喜欢数学，他可能在那

① 公元前1世纪，希腊工程师希罗发明了蒸汽机，瓦特是改进蒸汽机的科学家。

② 即原希腊旧城拜占庭，现在是土耳其的最大城市伊斯坦布尔。

里居住了很长一段时间，直到战争和政治环境迫使他无法继续在雅典工作。之后他来到了亚历山大科学院工作，长期从事教学、研究和著述。研究内容涉及数学、天文学、光学和音乐等领域。除了《几何原本》外，他还有许多著作，如《已知数》《圆锥曲线论》《观测天文学》《曲面轨迹》等，但由于战争等多种因素，流传下来的只有《几何原本》。

欧几里得

欧几里得沿袭柏拉图学派的理想——追求知识就是净化灵魂的最高境界。这可以从流传下来的两则故事中得知。这两则故事分别由普罗克洛斯和斯托巴欧斯记录。一则是说：托勒密一世对几何也很感兴趣，请欧几里得给自己讲几何学。欧几里得讲了半天，这位国王也没听懂，于是问道：学几何可有更简单的方法？欧几里得回答道：没有通往几何学的皇家大道。也就是说，数学对于任何人都是平等的，无论你是国王还是平民，无论你是富有还是贫穷，学习数学都没有捷径可走。这句话传诵千年，成为治学的至理名言。另一则故事是针对学生的学习态度。有一个人跟随欧几里得学习几何学，当他刚刚学会第一个命题时，就迫不及待地问欧几里得：我学习这些命题能得到什么？欧几里得把自己的奴仆叫过来并且对他说：给他一个银币，让他走，他竟然想从几何学中得到实惠！欧几里得坚信，教育应该是非功利性的，如果想立即从教育中获利那是徒劳的。

欧几里得的《几何原本》与其说是数学教科书，不如说是一部哲学巨著。古希腊的数学有别于当今世界的应用数学，它是希腊哲学家用来描述宇宙和揭示宇宙本质的工具。欧几里得并不关心几何学的实际应用，他关心的是几何体系内逻辑上的严密性。他创造了人类历史上第一个宏伟的演绎推理模式，对后世数学的发展起到了不可替代的推动作用。如牛顿的《自然哲学的数学原理》就是按照这种模式阐述的。

《几何原本》最初是用希腊文书写而成，于1482年首次公开发行，后来被翻译成多种文字。1607年，也就是明朝万历年间，英国传教士利玛窦来到中国，带来了西方的自鸣钟、比例规、地球仪、世界地图和《几何原本》。在《利玛窦书信集》中有这样的描述：我在中国利用世界地图、钟表、地球仪和其他著作，教导中国人，被他们视为世界上最伟大的数学家①。当时他与徐光启合作，只翻译了该书的三分之二。又经过了几个世纪，希腊的演绎几何体系才被中国人接受。在日本，情况也是如此。直到18世纪，日本人才知道欧几里得的著作，并且用了很多年才理解了该书的主要思想。

多少个世纪以来，中国在技术方面一直领先于欧洲。但是从来没有出现一个可以同欧几里得对应的中国数学家。其结果是，中国从未拥有过欧洲人那样的数学理论体系。中国人对实际的几何知识理解得不错，但没有将其提高到演绎体系这样的高度。

如今随着科学的进一步发展，欧几里得几何学已经不能满足现代科学的需要。爱因斯坦的广义相对论被接受以来，人们认识到，在现实的宇宙中，欧几里得几何学并非总是正确的。例如，在黑洞和中子星的周围，引力场极强。在这种情况下，欧几里得几何学就

---

① 利玛窦. 利玛窦书信集[M]. 文铮，译. 北京：商务印书馆，2018：337.

无法准确地描述宇宙的情况。但是,这些情况是相当特殊的。在大多数情况下,欧几里得的几何学能够给出非常接近现实世界的结论。

《几何原本》主要讨论了平面图形和立体图形几何学方面的知识,也讨论了整数、分数、比例等大量代数和数论的内容;提出了比率和比例的问题以及现在为大家所知的数论问题,也正是欧几里得证明了素数是无限的。他还通过将光的传播路径视为直线,使光学成为几何学的一部分。经过坚持不懈的努力,欧几里得给出了一个完美严谨的数学体系,几乎把平面几何和立体几何的一切定理都证明出来了,所以《几何原本》称得上人类历史上最早的一部鸿篇巨制。

第三节　阿基米德与物理定理

阿基米德与欧几里得、阿波罗尼并称古希腊三位最伟大的数学家。阿波罗尼与阿基米德都是欧几里得学生的学生。阿波罗尼的主要研究范围是圆锥曲线,即椭圆、抛物线和双曲线。阿基米德后来成长为卓越的科学家,他的研究领域涉及几何学、代数学、物理学、天文学和机械制造等方面。他在数学和物理学两大领域提出了一系列重大发现,例如"杠杆原理""浮力定律"等。他有一句名言,"给我一个支点,我能撬起地球"。

阿波罗尼

阿基米德

阿基米德(Archimedes,约公元前287—公元前212)出生于意大利西西里岛的叙拉古,父亲菲迪亚斯是天文学家兼数学家,学识渊博、为人谦逊。阿基米德深受父亲的影响,从小就对天文学和数学特别感兴趣。当时的亚历山大科学院是科学界的研究中心,许多科学家云集于此。与许多怀揣求知梦想的青年一样,阿基米德也来到了这里。他跟随欧几里得的学生——萨摩斯岛的柯农(活跃于公元前3世纪的下半叶)学习几何学,并有幸结识了同窗好友埃拉托色尼。阿基米德在这里学习和生活了许多年,兼收并蓄了东方和古希腊的优秀文化,这些学习经历奠定了阿基米德日后从事科学研究的基础。几年之后,受叙拉古国王希龙二世的邀请,阿基米德回到了自己的故乡,从此他的命运与自己的国家联系在了一起。

当时古希腊的辉煌文化已经逐渐衰弱,意大利半岛上新兴的罗马共和国,正不断扩张势力，北非的国家迦太基也逐步强盛。阿基米德就是生活在这种新旧势力交替的时代，而叙拉古城就成为众多势力的角斗场所。公元前 218 年，罗马共和国与迦太基爆发了第二次布匿战争，地处西西里岛的叙拉古一直都与罗马站在一起，但是公元前 216 年，迦太基大败罗马军队，叙拉古的新国王见罗马大势已去，立即转向投靠了迦太基，罗马军队便从海路和陆路同时进攻叙拉古。当罗马的最高统帅马尔库斯·克劳迪乌斯·马尔克鲁斯率领军队包围了阿基米德所居住的城市时，阿基米德与叙拉古居民一起参加保卫祖国的战斗。阿基米德虽不赞成战争，但不得不尽自己的责任，保卫自己的祖国。于是他夜以继日地发明御敌武器。

据传说，阿基米德发明了各种用于防御的机械装置，他利用杠杆和滑轮设计了一种叫作石弩的抛石机，能把大石块投向罗马军队的战舰，或者使用发射机关把矛和石块射向罗马士兵，凡是靠近城墙的敌人，都难逃他的飞石或标枪；他还制造了人类历史上第一台起重机（又叫抓船机），可以将敌人的战舰吊到半空中，然后重重地摔下；他发明了凹面镜，利用凹面镜汇聚太阳光将罗马舰船烧毁。这些武器使得罗马军队惊慌失措，连罗马统帅都承认：这是一场罗马舰队与阿基米德一人的战争。

公元前 212 年，叙拉古最终被罗马军队攻陷，当一个罗马士兵闯入阿基米德的住宅时，看见一位老人正在自家宅前的地上画图研究几何问题，阿基米德说：“走开，别动我的图！”士兵一听十分生气，于是拔出刀来，朝阿基米德身上刺下去。阿基米德就这样被一个无知的罗马士兵杀害了，终年 75 岁。

当得知这一消息后，罗马军队的统帅将杀死阿基米德的士兵当作杀人犯予以处决，他为阿基米德举行了隆重的葬礼，遗体葬在西西里岛，并为阿基米德修建了一座陵墓，根据阿基米德遗愿，在墓碑上刻下了“圆柱内切球”这一几何图形，以纪念他在几何学上的卓越贡献。

在几何学方面，阿基米德用希腊语写了一本专著《论球与圆柱》，该书沿用了欧几里得的写作风格。这本书中有许多命题，其中有一个命题，阿基米德认为非常重要，以至

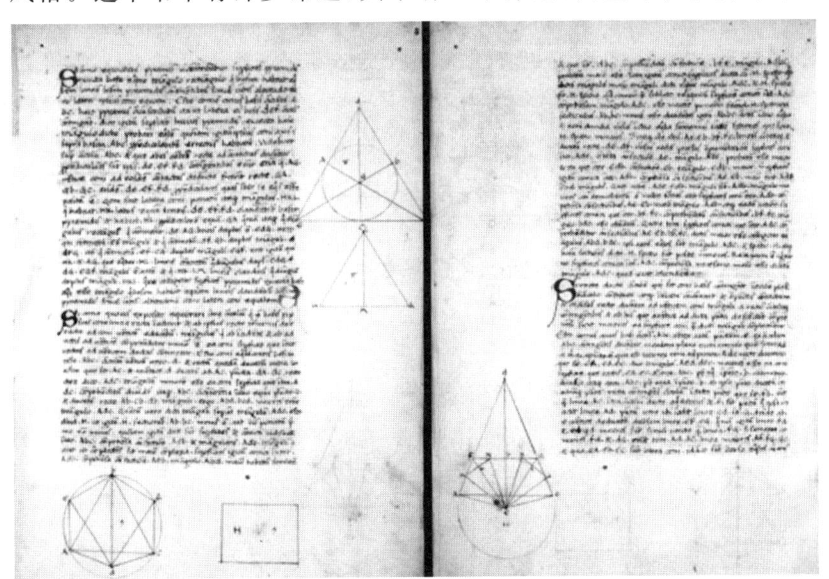

《论球与圆柱》

于请人在他死后把这一命题的几何图形刻在自己的墓碑上。这个命题就是:一个球体的表面积等于半径与球体半径相等的圆的面积的四倍,即 $S=4\pi r^2$。

在阿基米德计算出一个球体的表面积之前,他已经算出了球的体积 $V=4/3\pi r^3$,并且从体积推算出了表面积,但是在他的说明中顺序正好相反,他以定义和假设入手,采用“穷竭法”进行推算,这种方法与我国古代的“割圆术”类似,在西方是古希腊数学家欧多克斯首先提出的。阿基米德进一步发展了这一方法。他在《圆的度量》一书中,通过比较两个分别内接于和外切于同一圆的正九十六边形的面积计算出了 π 的近似值,这个近似值介于 3.141 和 3.142 之间。

欧多克斯

阿基米德在几何学方面的著作还有许多,如《劈锥曲面与旋转椭圆体》《论螺线》《抛物线图形求积法》《十四巧板》等,这些著作对于揭示阿基米德的几何学思想已经足够了。在他那个时代能够提出如此严谨和高深的命题已经是独一无二的创举,然而他还运用非常超前的方法去解决这些问题。例如,通过一种与现代积分法相似的方法,测量出抛物线和螺旋线所围成的面积、球体的体积和球缺的体积。阿基米德的几何学著作是古希腊数学的顶峰之作。他把欧几里得严格的推理方法与柏拉图的“理念”和谐地结合在一起,达到了至善至美的境界。

阿基米德是力学这门学科的真正创始人,开创了静力学和流体力学两大分支。他在《平面图形的平衡》这本论著中写道:

> 我假设:
>
> (1)若一杠杆两端的重物的重量相等且距离相等,杠杆就保持平衡,若重物的重量相等而距离不等,杠杆就不会保持平衡,而会向距离长的一端倾斜。
>
> (2)若重物在杠杆两端某一距离处保持平衡,增加一端的重量,它们就不再保持平衡,而会向重量增加的一端倾斜。①

这就是杠杆平衡原理。

而在另一本专著《论浮体》中,他论述了流体静力学:

> 假设 1
>
> 假设液体具有这样的性质,所有部分都是均匀而连续的,受到较大压力的部分会推动受到较小压力的部分;并且,只要液体下沉且受到其他的压力,液体的每一部分都会受到其正上方部分的压力。

① 萨顿.希腊化时代的科学与文化[M].鲁旭东,译.郑州:大象出版社,2011:96.

假设 2

在流体中受到向上压力的物体，它们所受到的压力是向上(与液体表面)垂直的，该力穿过他们的重心。①

这就是著名的浮力定理，可通俗地表述为：浸在液体中的物体受到向上的浮力，浮力的大小等于物体所排开同体积液体的重量，即：$F=\rho gV$(式中 ρ 为被排开液体密度，g 为当地重力加速度，V 为排开液体体积)。

据传说阿基米德得到这一公式还有一个传奇的故事。叙拉古希龙国王让工匠为他打造一顶纯金的王冠。工匠做好后，国王疑心这顶王冠并非纯金所造，但又无法确定工匠是否偷工减料，因为这顶王冠确实与当初交给工匠的纯金一样重。这个问题难倒了国王和诸位大臣。于是他们想到了“无所不能”的阿基米德，把这一难题交给阿基米德去解决。最初，阿基米德也是无计可施。直到有一天，他在家中洗澡，当他坐进澡盆里时，看到水往外溢，突然想到可以用测定固体在水中排水量的办法来确定王冠的体积。他兴奋地跳出澡盆，连衣服都顾不得穿上就跑了出去，大声喊着“尤里卡！尤里卡！”(希腊语中意思是“我发现了”)。

他的这一发现不仅解决了希龙国王金冠的难题，还得到了著名的浮力定理，现在也叫作阿基米德定律。

在天文学方面，阿基米德与古希腊的贤哲一样也有浓厚的兴趣。在亚历山大里亚期间，他与欧几里得的弟子、阿里斯塔克的弟子讨论过这方面的问题。据说他曾经将水力作为动力，制作了一座天球仪，球面上有太阳、月亮和五大行星(水星、金星、火星、木星、土星)。根据记载，这个天球仪不但运行精确，连何时会发生月食、日食都能进行预测。这项成果被记录在《天球仪的制作》这部专著中，遗憾的是这本书后来也遗失了。另一部遗失的著作是《反射光学》，书中有这样一个命题：把物体投入水中时，随着物体越沉越深，它们看起来越来越大。

阿基米德的一生在几何学、力学、天文学以及机械制造方面等都有贡献。但他本人的主要兴趣还是数学，这一点从他留下来的著作中得以印证。

阿基米德与雅典时期的科学家有着明显不同的研究风格，他既重视科学的严密性、准确性，要求对每一个问题都进行精确的、合乎逻辑的证明，又非常重视科学知识的实际应用。

阿基米德在其专著《数沙者》中引述过一个与他同时代的天文学家——阿里斯塔克。他约年长阿基米德十几岁，出生于毕达哥拉斯的故乡——爱奥尼亚的萨摩斯。他曾在亚里士多德创办的吕克昂学园学习过，后来到了亚历山大城工作。他写过一篇专论《论日月的大小和距离》，这篇专论记录了他的研究方法和结论，他认为我们在地球上看到的月光是月球对太阳光的反射，当我们从地球上看到半月时，太阳、月亮和地球正好处于直角三角形的三个角上，只要测出日地和月地之间的夹角，就可以知道日地与月地之间的相对距离，从相对距离可进一步推算出太阳和月亮的实际大小。他计算出的结果虽然与现代天文学观测数据相差甚远，但却由此得到了一个了不起的结论：地球绕着太阳转。因为，太阳的实际大小远远大于地球，他认为按照自然界的运行规律，必然是小的物体绕着大的物体转。由此我

① 同上:97.

们知道了他才是人类历史上最早提出"日心说"的人，也是最早测定太阳、月球和地球的距离以及相对大小的人。

阿基米德在其另一部讨论力学问题的专著《方法》中写道：此书献给埃拉托色尼。埃拉托色尼大约于公元前273年出生在希腊北部的昔兰尼（位于今利比亚），在昔兰尼和雅典的柏拉图学园接受过良好的教育。公元前244年，应托勒密三世维尔盖特之邀，他来到了亚历山大城工作，不久便担任了斐洛帕托王子的家庭教师。由于他博学多才、见多识广，公元前234年，担任了亚历山大图书馆的馆长。

埃拉托色尼

埃拉托色尼是一位博学家，集哲学、诗歌、天文学和地理学知识于一身。尤其是他完成了一项杰出的工作——测出了地球半径，测量结果与现在的测量值只相差2%。我们有理由相信埃拉托色尼与阿基米德经常在一起讨论几何学、天文学、力学等问题，他们二人感情笃深，因此才有了阿基米德选择用题献这种方式表达对埃拉托色尼的敬意。

第四节　托勒密与《至大论》

人类对宇宙的认识是逐步形成的，也是不断发展的。从认识到地球是球形的，到发现日月星辰的运行规律；从地心说到日心说；从用几何学方法测量地球的周长到用三角测量法测定太阳和月球的大小以及它们之间的距离等。从托勒密到开普勒，天文学家在已有实测资料的基础上，以数学方法构造模型，再用演绎方法从模型中预言新的天象；如预言的天象被新的观测所证实，则表明模型成功，否则就修改模型。托勒密的《至大论》第一次完整、全面、成功地展示了这种思路的结构和应用。他进一步发展了亚里士多德的地心说，建立起一个比较严密的、以地球为中心的宇宙图景。

关于托勒密（Claudius Ptolemaeus）的生平，至今所知甚少，主要的资料来自他传世著作中的有关记载。托勒密约生于100年，卒于170年。如果他的名字取自他的出生地，那么他可能出生于古埃及的托勒密城。他的姓Ptolemaeus表明他是埃及居民，或者祖上是希腊人或希腊化了的某族人；他的名Claudius表明他拥有罗马公民权，这很可能是罗马皇帝克劳狄乌斯（Claudius）赠与他祖上的（与皇帝同名，但没有血缘关系）。从托勒密留下的观测记录来看，他的所有天文观测都是在埃及的亚历山大里亚进行的。根据《至大论》书中的托勒密天文观测记录，最早的日期为127年3月26日，最晚的日期为141年2月2日。由此可知托勒密曾活动于罗马帝国哈德良（117—138年在位）和安东尼（138—161年在位）两位国王的时代。

托勒密

托勒密在早年的著作中《天文学大成》中总结了古希腊天文学的优秀成果，阐述了宇宙地心体系（地心说）。这部著作后来被阿拉伯人推崇备至，认为其"至伟至大"，因此书名就成了《至大论》。

托勒密继承了由欧多克斯、希帕恰斯所代表的古希腊数理天文学的主要传统，在《至大论》中构造了完备的几何模型，以描述太阳、月亮、五大行星、全天恒星等天体的各种运动；并根据观测资料导出和确定模型中的各种参数；最后再制成天文表，使人们能够在任何给定的时间点上，预先推算出各种天体的位置。

《至大论》全书共13卷，第1～2卷主要讲述预备知识。包括地球是圆的，也是静止不动的，地球位于宇宙的中心，日月星辰围绕地球运转；距离地球由近至远依次是月亮、水星、金星、太阳、火星、木星、土星等；地球与宇宙尺度相比非常小。托勒密论述了希腊测量学和三角学原理，利用球面三角学进行黄道、赤道以及黄道坐标与赤道坐标的相互换算，确定黄道与赤道的夹角之值为23°51′20″。他还给出了太阳赤纬表，表现为太阳黄经的函数，这样就能掌握一年内太阳赤纬的变化规律，进而可以计算日长等实用数据。

第3卷主要论述太阳的运动。使用偏心圆运动的模型，解释了一年四季长短不同的现象和太阳周年视运动不均匀的现象。第4～5卷讨论了月球运动；第6卷在前两卷基础上，专门描述了日食和月食，这实际上可看作他对前面各卷中所述太阳、月亮运动理论的检验和应用。第7～8卷给出了包含1022颗恒星的星表，即著名的“托勒密星表”，这是世界上最早的星表之一；还给出了每颗星的黄经、黄纬以及亮度，并且讨论了喜帕恰斯发现的岁差问题。

从第9卷到第11卷，托勒密阐明了他所构造的地心宇宙体系，在这个体系中，他运用几何模型，逐个解释五大行星的黄经运动。在第12卷中，托勒密致力于编算外行星在逆行时段的弧长和时刻表，以及内行星的大距表。在第13卷中，托勒密专门讨论了行星的黄纬运动。由于行星轨道面与黄道面并不重合，而是各有不同的小倾角，这些问题在地心体系中解释起来相当复杂，但如果放在日心体系中，就十分简单明了。

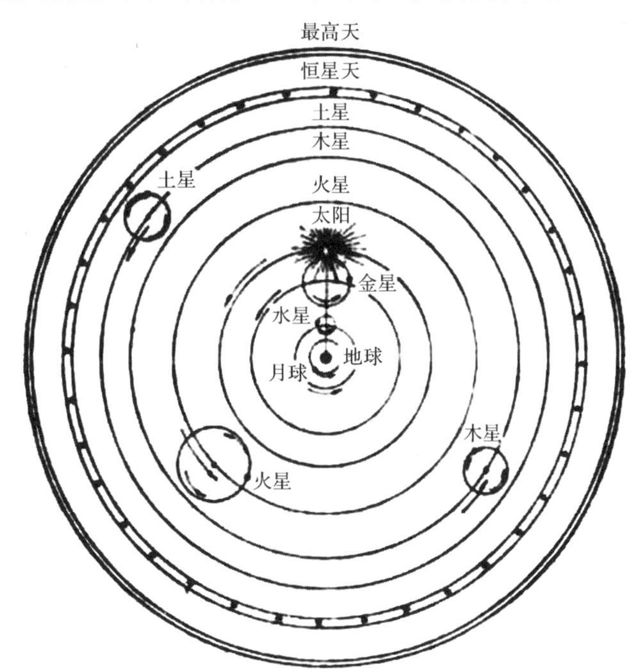

托勒密的宇宙体系示意图

在托勒密构建的体系中，地球不是天体运动的中心，但静止不动。因此称这个体系为“地静说”也许更为恰当。托勒密是天文学家也是一位数学家，他的唯一目的是对天体运动作运动学描述。因此《至大论》描述的应该被看作一种数学体系。

托勒密还写过4卷《四书》。这是一部占星学专著。托勒密自己将此书视为《至大论》理所当然的互补之物或姐妹篇。此书在古代和中世纪极负盛名，托勒密也由此长期被视为占星学专家。

此外，托勒密的《光学》有5卷之多，遗憾的是大部分已遗失。托勒密的《地理学》共有8卷，这是古代地理学的经典著作之一。书中记录了罗马帝国四处征战的情况，并且依据战争记录，绘制了世界地图。显而易见，托勒密计划在此书中对当时所知的一切地理学和地图学知识做一集成，就像他在《至大论》中汇集天文学知识那样。他计算出了地球的大小，其结果远远小于埃拉托色尼的计算结果。托勒密的这个错误结论流传了1000多年，对人类历史的发展也产生了直接影响。例如，相传航海家哥伦布在开始他那改变人类历史的远航之前，至少曾细心阅读过托勒密的《地理学》。因此我们有理由相信，哥伦布的地理思想主要来自托勒密。哥伦布深信地球并不大，所以才有勇气去冒险。他设计了一条较短的渡海航线，可以在较短的时间内到达亚洲大陆的东海岸。结果他确实发现了新大陆，但不是他预想的亚洲东海岸，而是美洲新大陆，尽管他本人直到去世时仍认为他发现的正是托勒密地图上所绘的亚洲大陆。

哥伦布

第五节　希腊文化衰落时期的数学家们

随着古罗马的兴盛和古希腊的覆灭，伟大的古代文明逐渐被中世纪的黑暗所湮没。恺撒的大军攻打亚历山大港的时候，大火殃及亚历山大图书馆，70多万卷图书化为了灰烬。恺撒死后，他的外侄孙奥古斯都（又称屋大维）即位，这位独裁者最终使罗马共和国成为罗马帝国。98年，图拉真统治下的罗马帝国版图几乎涵盖整个欧洲（不包括德国）。330年，君士坦丁大帝为了加强对罗马全境的控制，迁都至拜占庭，改名为君士坦丁堡，也就是现在土耳其的伊斯坦布尔。395年，罗马皇帝奥多修去世，他的两个儿子将罗马一分为二，东部为东罗马帝国，其领地以亚历山大所创基业为主，国语为希腊语，国名改为拜占庭帝国，使希腊化文明在这里得以延续。西罗马帝国虽然“家大业大”，但难逃西部蛮族蚕食的厄运。410年，罗马城沦陷；476年，庞大的西罗马帝国灭亡了。

恺撒

罗马人崇尚武力且能征善战，注重实际但缺乏思考，对于希腊人留下来的丰富的科学遗产，不仅没有加以保护和发扬光大，反而加速了希腊文化的衰落。3世纪中叶，一个年轻的学者来到了亚历山大城，他是一位杰出的数学家，但不是几何学家，他填补了古希腊数学的空白——代数学，他就是刁藩都(Diophantine，生卒年不详)。关于他的生平资料很少，但有一段这样的记载：刁藩都的一生，童年时代占1/6，青少年时代占1/12，再过一生的1/7他结婚，婚后5年有了孩子，孩子只活了父亲一半的年龄就死了，孩子死后4年刁藩都也死了。从这段谜语式的描述可以推算出，刁藩都活了84岁。值得庆幸的是，在希腊文化的衰退期，他却能特立独行，创造出数学的另一分支——代数学，他的6卷《数论》被保存下来，一直流传至今。《数论》中一共有189个代数问题，讨论了一次方程、二次方程以及个别的三次方程，还有大量的不定方程。对于具有整数系数的不定方程，如果只考虑其整数解，这类方程就叫作刁藩都方程。刁藩都认为代数方法比几何的演绎陈述更适于解决问题，在解题的过程中更能显示出独特的解题思路和技巧，在希腊数学中独树一帜。他被后人称为“代数学之父”。在刁藩都之后，有另一位数学家对他的《数论》作了评注，她就是数学史上第一位女数学家——希帕蒂娅。

刁藩都

希帕蒂娅(Hypatia，370—415)出生在亚历山大城的一个知识分子家庭。她的父亲赛翁是有名的数学家和天文学家，在亚历山大科学院从事教学和研究工作。希帕蒂娅从小就生活在这样一个充满学术研究氛围的生活环境中，在父亲的教育与培养下，希帕蒂娅对数学充满了兴趣和热情。10岁时希帕蒂娅已经掌握了很多算术和几何方面的理论，并能熟练地运用学过的知识解决实际问题。

在学习过程中，希帕蒂娅还接触到哲学、文学和天文学等方面的知识，她特别喜爱哲学，读了不少希腊哲学家的著作。父亲赛翁为了活跃女儿的思想，提高辩论的能力，鼓励她参加各种学术辩论会。17岁时希帕蒂娅在亚历山大科学院第一次参加了由父亲主持的关于数学和哲学问题的讨论会。她在会上的表现令与会学者惊讶不已，这次辩论会使希帕蒂娅的知名度大大提高。20岁时她几乎读完了当时所有数学家的著作，包括欧几里得的《几何原本》、阿波罗尼斯的《圆锥曲线论》、阿基米德的《论球和圆柱》、刁藩都的《数论》等。希帕蒂娅曾协助父亲对欧几里得的《几何原本》、托勒密的《天文学大成》《至大论》进行了修正和评注；她本人还对阿波罗尼斯的《圆锥曲线论》和刁藩都的《数论》作了详细的评注。

389年，希帕蒂娅来到著名的希腊城市——雅典求学。她在柏拉图学园里进一步学习数学、历史和哲学。她对数学的精通，尤其是对欧几里得几何学的精辟见解，令雅典的学者钦佩不已。395年，她回到了自己的家乡——亚历山大城，这时的希帕蒂娅已经是一位备受尊敬的数学家和哲学家。她受聘到亚历山大科学院任教，主讲数学和哲学，有时也讲授天文学和力学。因为她学识渊博，品德高尚，擅长修辞和雄辩，吸引了各地学生前来听课，成为名噪一时的女学者。

希帕蒂娅

380年，基督教成为罗马的国教。392年，罗马皇帝狄奥多修下令拆毁希腊神庙，塞拉皮斯神庙中仅存的30多万件希腊文手稿被无知的基督教徒纵火烧毁。希帕蒂娅不信基督教，而许多基督教徒却仰慕希帕蒂娅的学识而拜其为师。412年，阴谋家西里尔成为亚历山大城的大主教。他是一个大野心家，将基督教之外的宗教列为“异教”和“邪说”，其中包括希帕蒂娅主张的新柏拉图主义。但是希帕蒂娅拒绝放弃她的哲学主张，坚持宣传科学，提倡思想自由。

415年3月的一天，希帕蒂娅像往常一样坐着马车去科学院讲课。当马车行至凯撒瑞姆教堂时，一伙基督教徒冲上来拦住了马车。他们将希帕蒂娅拖进教堂，对她进行了惨无人道的极刑。希帕蒂娅之死标志着希腊数学一个时代的结束。

640年，新兴的伊斯兰教军攻占了亚历山大城，他们的首领下令收缴所有的希腊文书籍，并且全部焚毁。人类文明最宝贵的遗产在熊熊大火中灰飞烟灭。至此，亚历山大城再次沦陷，亚历山大图书馆再次被焚，亚历山大科学院随着希帕蒂娅的被害而结束，古希腊辉煌的学术中心不复存在了。

想一想

1. 亚历山大科学院对人类文明和科学的发展有何作用？
2. 托勒密的哲学思想对西方文化发展有何影响？
3. 希腊化时期科学思想的特点是什么？

好书推荐

1. 胡中为、孙扬编著，《天文学教程》，上海交通大学出版社，2019.

2. 欧几里得,《几何原本:建立空间秩序最久远的方案之书》,邹忌编译,重庆出版集团,2014.

3. 邓可卉,《希腊数理天文学溯源——托勒玫①〈至大论〉比较研究》,山东教育出版社,2009.

拓展与延伸

① 即托勒密。

第五章　中国古代的科学与文明

第一节　中国古代的农学成就

扫一扫，看视频

农业是中国社会稳定的基础。对于历代统治者而言，最重要的事情就是稳定人心，而要人心稳定首先要保证家里有粮。因此，就有了神农发明五谷农业、大禹治水等传说，也有了帝王设坛祭天，祈求风调雨顺、国泰民安。在长期与自然灾害抗争的过程中，我国古代逐步形成了农耕文明，出现了先进的农业耕作方式和食品加工方法。记录这些方法的农学著作主要有西汉氾胜之的《氾胜之书》、北魏贾思勰的《齐民要术》、南宋陈敷的《陈敷农书》、元朝王祯的《王祯农书》以及明朝徐光启的《农政全书》等。

氾胜之

中国最早的农学专著当属西汉的《氾胜之书》，它也是世界上最早的农学著作。由于年代久远，原本已失传。但值得庆幸的是在北魏时期，贾思勰的《齐民要术》中很多地方引用了《氾胜之书》的内容。我国著名的农学史专家万国鼎在资料匮乏的情况下，千方百计地搜集资料，经过大量的考证和注释，终于编写了《氾胜之书辑释》。同时又将原书的文言文翻译成白话文，并在每篇的末尾用现代科学知识加以分析和解释。另一位农学史专家石声汉撰写了《氾胜之书今释》，将不易看懂的《氾胜之书》转变成了通俗易懂的读物，为后人了解和研究西汉农业历史奠定了基础。

《氾胜之书》

《氾胜之书》成书于西汉年间，失传于宋朝之前。书中详细记载了北方农作物的栽培、选种育种、耕作、畜牧兽医和食品加工等技术，如“区田法”“溲种法”“种瓠法”等。氾胜之对北方的水稻、蚕桑、小麦、瓜果等作物的栽培技术进行了深入的研究，总结出种麦法、穗选法、种瓜法、调节稻田水温法、保墒法、桑苗截干法等，促进了农业生产的发展。

汜胜之（生卒年不详）是一位活跃在田间地头的农学家。他祖籍甘肃敦煌，祖姓凡，后因战乱流落山东汜水之畔，遂改姓汜。在他从政期间，曾以轻车使者之职在关中三辅地区（相当于今天的陕西中部地区）指导督促农民种田。他认真研究当地的土壤、气候和水利情况，因地制宜地总结、推广各种先进的农业生产技术。正是这段经历，使得他不仅认识到农业的重要性，并且对农业生产过程中的每一个环节都做了详细的观察和记录。他总结了古代北方黄河流域，主要是关中地区的农业生产经验，提出了“及时耕作、及时保墒、及时施肥、及时灌溉、及时除草、及时收割”等六环节理论，并对每一个环节都作了详细的说明。他甚至把发展农业生产提高到“忠国爱民”的高度。可以说，《汜胜之书》正是在这种思想的指导下写成的。

大约在533—544年，中国历史上第一部综合性的农书——《齐民要术》诞生了。这是中国古代继《汜胜之书》后的又一部农学巨著。该书的作者是北魏的贾思勰（生卒年不详），山东寿光人，曾做过高阳郡（今山东临淄）太守。在贾思勰青壮年时期，正值北魏孝文帝所提倡的汉化运动的高峰，当时朝廷非常重视农业生产，实行均田制，把无主的荒地分给无地或少地的农民耕种，规定种植五谷和瓜果蔬菜。统治者励精图治，农业生产蒸蒸日上，为贾思勰撰写农书提供了便利的条件。贾思勰在任职太守期间，充分考察了黄河中下游地区的农业生产状况，了解了这一地区当时的农业生产水平。他还阅读了大量的文献，并针对文献中的一些问题向农民询问经验。

贾思勰

《齐民要术》全书共10卷，92篇，11万字。第一卷主要描述如何耕田、收种和种谷；第二卷分门别类地叙述了谷类、豆类以及麦、麻、稻、瓜、瓠、芋等主食作物如何选种、如何收藏等；第三卷针对蔬菜的种植加工进行了描述；第四卷是关于果树的栽培、嫁接、防冻等技术，共12篇；第五卷涉及栽桑养蚕以及榆树、杨树和竹等栽培技术；第六卷介绍了家禽、家畜和鱼类的养殖；第七卷是关于如何制作和选择酿造食物的工具；第八、九卷描述了酿造酱、醋和糖稀等的方法以及存放条件；第十卷记录了热带、亚热带植物 100 余种，野生可食植物 60 余种。全书内容可以说“起自农耕，终于醯醢[①]，资生之业，靡不毕书”。

南宋初年的《陈敷农书》也是一部综合性农书，主要讲述了长江中下游地区水田耕作的方法。由于作者的理论来自实践，因此这部农书对于实际的生产更有着重要的指导意义。

《陈敷农书》共有三卷，上卷主要讲述水稻的种植、栽培和耕作方法，以及麻类作物、粟米、芝麻等经济作物的耕种方法，总结了水稻育秧中适时、选田、施肥和管理的四大要点；中卷主要讲述在江南地区进行农作物种植过程中所使用的畜力——水牛的喂养、使用以及医治方法；下卷则专门阐述了栽桑和养蚕的技术，这也是本书的一大亮点。

《陈敷农书》

作者陈敷生于 1076 年，卒年不详，世代居住在扬州，平生以耕读为乐，不求仕进，靠种药治圃以自给。由于亲自参加农事，有机缘接触农民与农业，为他撰写《陈敷农书》创造了条件。1149 年，即陈旉 74 岁时，《陈敷农书》经地方官吏刊印传播。此书在明朝被收入《永乐大典》，在清朝被收入多种丛书，是我国现存最早记载江南地区农业生产技术的农书。

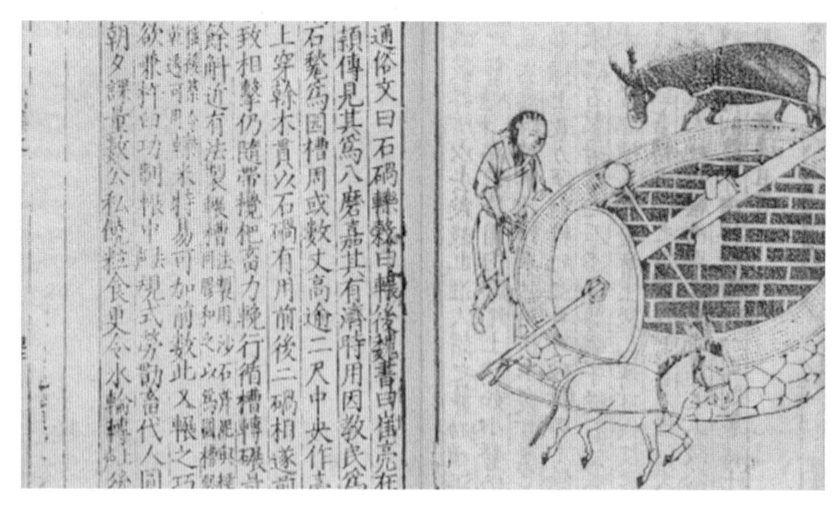

农器图谱

① 泛指佐餐的调料。

1313年，王祯完成自己的专著《王祯农书》。这是一部综合性农书，它的特点是综合了中国北方黄河流域的旱田耕作技术和中国南方水田的耕作技术，并对南北方的农业耕作技术进行了比较分析，系统地论述了14世纪之前中国农业的内容和范围。

《王祯农书》全书共计37卷，约13万字，281幅插图。主要由“农桑通诀”“百谷谱”和“农器图谱”三部分组成。“农桑通诀”部分主要论述了中国农业生产的起源和发展历史，讨论了农业生产过程中各个环节的重要性，兼论了种树、捕鱼、养殖等各项技术和经验；“百谷谱”部分阐述了已知主要粮农作物如小麦、水稻、谷子以及蔬菜、水果等的起源、性状和栽培方法；“农器图谱”部分主要介绍了农具的使用、构造原理和使用方法，这部分内容是本书的亮点，也是最宝贵的部分，是之前的其他农书所没有的内容，第一次向读者展现了当时农具的实物图，甚至把古代已失传的农具经过反复试制恢复原形后记录其中，因此，《王祯农书》具有极高的科学史价值。

王祯，字伯善，山东东平人，出生于1271年，卒于1368年，是中国古代农学家、农业机械学家。元代成宗时曾任宣州旌德县（今安徽旌德县）尹和信州永丰县（今江西广丰区）尹。为官期间，生活俭朴，乐善好施，兴办学堂，修路建桥，施舍医药，为两地百姓做了不少好事，颇得好评。他认为首要政事就是抓农业生产，所以他“以身率先于下”“亲执耒耜，躬务农桑”，把教民耕织、种植、养畜所积累的丰富经验，加上收集到的前人有关著作资料，编撰成《王祯农书》。

明代著名的政治家、思想家、科学家徐光启编著的《农政全书》，堪称农学史上集大成之作。书中概括了中国明代以来农业生产和人民生活的各个方面，值得一提的是全书贯穿着徐光启治国治民的“农政”思想。这一思想正是《农政全书》不同于其他大型农书的特色之所在。

《农政全书》分为“农政措施”和“农业技术”两部分。在“农政措施”中徐光启引经据典地阐述了国家应以农为本。他引用了《管子》中的“一农不耕，民有饥者，一女不织，民有寒者”“民无所游食则必事农，民事农则田垦，田垦则粟多，粟多则国富”和“仓廪实则知礼节，衣食足则知荣辱”。由此可见，《农政全书》名曰农书，实则国策。在“农业技术”部分，该书详细总结了各种农作物的种植经验。全书共60卷，50多万字，内容包括农本（3卷）、田制（2卷）、农事（6卷）、水利（9卷）、农器（4卷）、树艺（6卷）、蚕桑（4卷）、蚕桑广类（2卷）、种植（4卷）、牧养（1卷）、制造（1卷）、荒政（18卷）等12项。徐光启大量考证并引用了古代相关农书的内容，对于自己在农业和水利方面的认识也进行了阐述，是我国一项不可多得的农业科学遗产。

徐光启

徐光启于1563年出生在上海县（今上海市），祖籍苏州，祖辈以务农为业，后因祖父经商而致富，随迁至上海县定居。又因父亲徐思诚持家不力，导致家道中落，继而重新开始务农。徐光启正是在从事农业生产劳动过程中，对于农业生产技术问题产生了浓厚的兴趣。他开始收集、阅读有关农业方面的书籍，总结各种农作物的种植经验并付诸实践。1579 年，他考中举人，后又考中进士，遂入翰林院成为一名庶吉士。1616 年，因《辩学章疏》为外国传教士辩护被同僚排挤，遂作《粪壅规则》。

徐光启毕生致力于农业、数学、天文、历法、水利等方面的研究，勤奋著述，尤其对农学颇有见地。同时他还是一位沟通中西文化的先行者，与意大利传教士利玛窦合作翻译了世界名著《几何原本》的一部分。晚年时，他辞官回家，专心编写《农政全书》。1633 年，徐光启病逝，崇祯皇帝追认其为太子太保、少保，谥号文定。

第二节　中国古代的医药学成就

中医学是中华民族在长期同疾病作斗争的过程中，不断积累经验、反复总结并通过长期医疗实践逐步发展成的医学理论体系。最早的中医专著当属《黄帝内经》，《黄帝内经》没有具体的作者，也没有具体的成书时间，据考证应是形成于战国及两汉时期，之后经过多次的修补和注释。《黄帝内经》分为“灵枢”和“素问”两部分，是中国最早的医学典籍之一，奠定了中医药学的基础。

《黄帝内经》

在中国历史上出现过很多名医，如司马迁《史记·扁鹊传》中记录的神医扁鹊，传说他医德高尚、医术精湛，遵循“病有六不治”原则：骄恣不论于理，一不治也；轻身重财，二不治也；衣食不能适，三不治也；阴阳并，藏气不定，四不治也；形羸不能服药，五不治也；信巫不信医，六不治也。由于年代久远，司马迁也是根据坊间传说而写。如果说扁鹊只是一个传说，那么华佗却确有其人。

扁鹊

华佗，字元化，沛国谯(今安徽省亳州市)人。大约生于 145 年，卒于 208 年。关于他的传奇故事主要来自《三国演义》，一是为关羽刮骨疗毒：关羽在襄阳大战时右臂为魏军毒箭所伤，伤口感染发炎，十分疼痛，不能动弹。

华佗为关羽剖肉刮骨，剔除骨上剧毒，在整个手术过程中，关羽却气定神闲，还用另一只手与人下棋。这个故事原本是小说作者为颂扬关羽之神勇，但后来人们却用这个故事来说明神医华佗的高明医术。二是为曹操医治偏头痛：曹操早年得了一种头痛病，犯病时头晕眼花，疼痛难忍，中年以后，症状更加严重，虽然有许多医生为其进行过治疗，但疗效甚微。华佗应召前来诊视后，在曹操胸椎部的鬲俞穴施针，效果立竿见影，曹操顿时觉得脑清目明，疼痛马上消失。曹操十分高兴，但华佗却高兴不起来，他如实把病情告诉了曹操："您的病，乃脑部痼疾，近期难以根除，须长期攻治，逐步缓解，以求延长寿命。"曹操听了之后，心中不悦，以为华佗故弄玄虚。多疑的曹操认为华佗想害他，便以刺杀的罪名将华佗关押拷打致死。

华佗

华佗堪称外科医生的鼻祖，据史料记载，他用麻沸散为病人实施麻醉，然后开腔破腹进行外科手术，术后缝合好伤口并涂上膏药，四五天后伤口愈合，一月有余病人便会痊愈。这种高超的外科医术当时在世界上也是处于领先地位。

华佗的另一创举是提倡强身健体，防患于未然，这一点也符合现代人的养生理念。他模仿虎、鹿、熊、猿、鸟的动作，编成了"五禽戏"，用以锻炼身体、预防疾病。据说他的学生吴普坚持练习"五禽戏"，活到90多岁时还耳清目明、牙齿坚固。

华佗是中国医学史上为数不多的杰出外科医生之一，他不仅有高超的外科医术，而且懂脉象、会针灸、善处方，有悬壶救世之才。虽然他写的医术心得已失传，但庆幸的是他在生前已培养了许多弟子，这些弟子继承了他的医术，在他去世后将这些医术进一步传承和发扬，经过一代又一代流传至今。

与华佗同时期，还有一位被后人称作医圣的著名医生，他就是张仲景。如果按照现在的医院科室分类，华佗属于外科医生，而张仲景则是内科医生。

张仲景，生于约150年，卒于约219年，出生地是河南南阳。当时正值东汉末年，汉朝政治腐败，皇室经历宦官外戚专政，皇帝年幼，大权旁落，战火四起，民不聊生，瘟疫肆虐，人民饱受战争、饥饿、疾病的折磨。正是在这样的大环境下，张仲景感受到挣扎在死亡线上老百姓的无奈。他也曾饱读诗书，官拜长沙太守，但因不愿与黑暗的官场同流合污，最终选择弃官从医，专心研究医学。

《伤寒杂病论》是张仲景的代表作，成书时间大约在3世纪初，该书系统地分析了伤寒的原因、症状、发展阶段和处理方法，创造性地确立了对伤寒病的"六经分类"辨证施治原则，奠定了理、法、方、药的理论基础，是中国传统医学

张仲景

经典著作之一。

魏晋时期，曾任太医令的王叔和深知这部医学论著的价值，便多方搜寻，终于得到了全本的《伤寒杂病论》。王叔和将此书进行了整理，分为“伤寒论”和“金匮要略”，“伤寒论”主要论述伤寒等急性传染病，“金匮要略”主要介绍外科病、内科病和妇科病等。“金匮要略”首次提出了“八纲辨证”之法，即分析、辨认疾病的证候，是认识和诊断疾病的主要过程和方法；实施纲领是：驱邪扶正，随症施治；具体措施是：邪在肌表用汗法，邪壅于上用吐法，邪实于里用下法，邪在半表半里用和法，寒证用温法，热证用清法，虚证用补法，滞证用消法。王叔和还独立完成了一部经典传世之作——《脉经》，论述了中医传统的切脉诊断之术。

这一时期名医和医学专著层出不穷，如名医葛洪的《肘后备急方》，记载了一些传染病如天花等的症状及诊治方法，这是世界上最早有关天花的记载。孙思邈的《千金方》堪称中国历史上第一部临床医学百科全书，特别是对医德思想、妇科、儿科、针灸穴位等的论述都是前所未有的。对于医德他的观点是“人命至重，有贵千金”“不为利回，不为义疚”。关于治病原则，他提出：“胆欲大而心欲小，智欲圆而行欲方。”正如诺贝尔生理学或医学奖获得者屠呦呦所言：中医的奇妙和可贵之处，是站在人类和宇宙的高度的哲学思辨之美①。

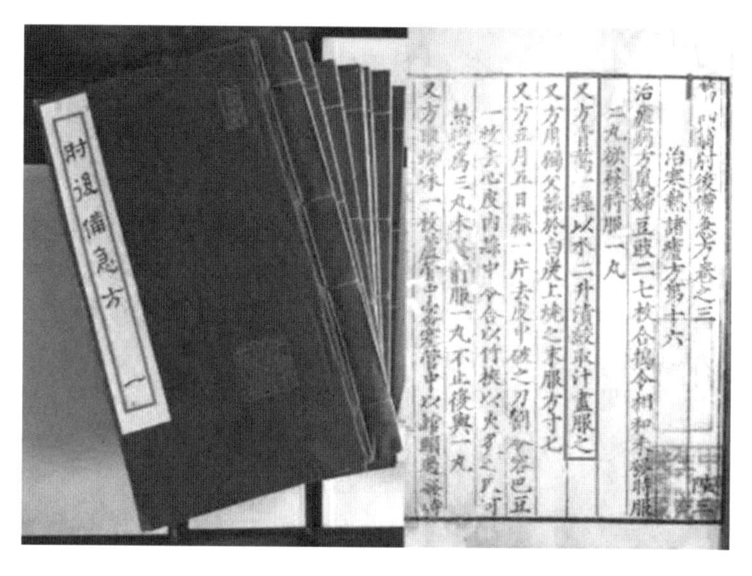

《肘后备急方》

中药是草药，提倡的是药食同源，我国古代历代名医在辨证施治的过程中对于药物要求极高。从先秦的《神农本草》到唐代的《新修本草》，这些药学著作无一不是我国医药资料宝库中的珍品。到了明朝万历六年(1578 年)，药学巨著《本草纲目》诞生了，该书共 52 卷，190 万字。书中包含 16 部，62 类、1892 种药物，11096 个附方，1160 幅插图。其价值远远超过了药物学，还包括了博物学、植物学、生物学，被译成日文、德文、法

① TU Y Y. The discovery of artemisinin(qinghaosu) and gifts from Chinese medicine[J]. Nature, 2011,17(10):1218.

文、拉丁文和俄文。达尔文在《人类的由来》中引用过《本草纲目》来说明动物的人工选择。

《本草纲目》的作者是李时珍(1518—1593),生于湖北蕲州(今湖北省蕲春县)的医生世家。他14岁考取秀才,三次乡试未中,放弃科举,专心研究医药学。1552年开始编写《本草纲目》,1578年完稿,历时20余年。

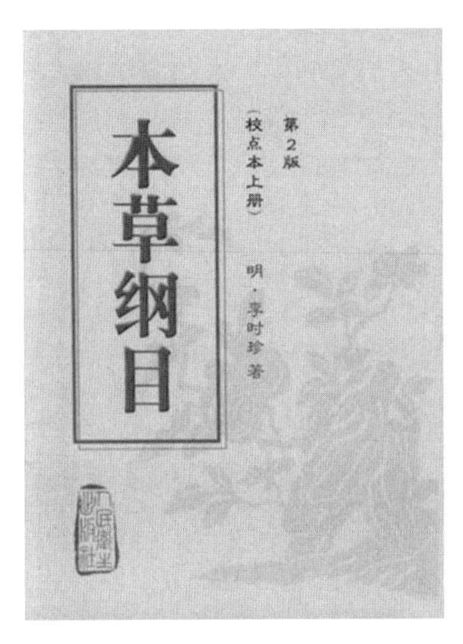

《本草纲目》

第三节　中国古代的天文学成就

天文学是一门古老而又崭新的自然科学,是人类认识宇宙、观测研究各种天体的起源和演化规律的科学。早在公元前3000年左右,中华民族就开始通过观察天象来确定季节和编制历法,因此,我国是世界上天文观测记录持续时间最长、记录资料最为丰富的国家。《天文志》是保存最完整的天象观测记录;《左传》里有这样的记录:"秋七月,有星孛入北斗。"这实际上是有关哈雷彗星的最早记录(公元前618年);《宋会要》也写道:"至和元年五月,晨出东方,守天关,昼见如太白,芒角四出,色赤白,凡见二十三日。"这是1054年(北宋)关于"超新星"爆发的记录,也是恒星演化的重要证据。

早在尧舜时期就有了专职观象授时的人员,其主要目的是为农业生产和日常生活服务。《周易》中有"观乎天文以察时变;观乎人文以化成天下""天垂象,见吉凶,圣人象之"的描述。《尚书·尧典》中有"乃命羲和,钦若昊天。历象日月星辰敬授人时"的记录。

我国保存至今最古老的历书当属《夏小正》和《月令》,《夏小正》主要记录了气候的变化、星象的移动以及物候方面的内容,按照一年12个太阴月的顺序记录。《月令》记录的是每个月的天象特点,主要围绕天子所从事的活动仪式进行描述。到了春秋战国时期,中国的天文学有了很大的变化,由一般的观察发展到有记录的数量化观测。最早的星表制作者当属战国时期齐国的甘德和魏国的石申,在甘德著作《天文星占》和石申著作《天文》

中，他们记录了行星逆行的现象。在当时的条件下，如果不是经过长期系统的观测，很难发现逆行现象。他们在星表中把测量出的恒星位置标明在图上，并用科学方法确定每颗星的方位。后来这两部著作都失传了，但是从《史记》《汉书》等史书的记载中可以看出这两部著作在天文观测方面领先于当时的世界水平。

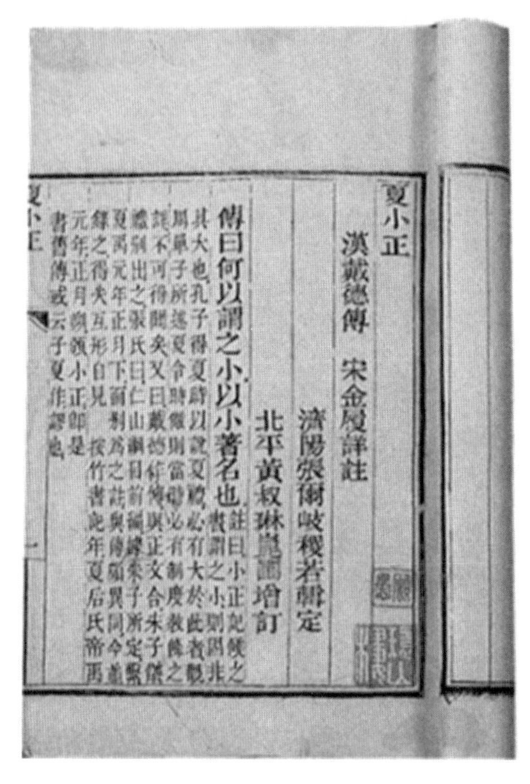
夏小正
漢戴德傳　宋金履祥註
濟陽張爾岐稷若輯定
北平黃叔琳崑圃增訂
傳曰何以謂之小以小著名也

《夏小正》

丰富而准确的观测记录是以先进的观测仪器为基础的。东汉时期著名天文学家张衡（78—139）发明了世界上第一台自动天文仪——浑天仪，也称浑仪，这是我国古代用于测量天体球面坐标的观测仪器，由多个同心圆环构成，整体看起来就像一个圆球。11 世纪，宋朝官员苏颂等人在浑仪的基础上，把浑仪、浑象和报时装置组合在一起，构成一个高 12 米、宽 7 米的高台建筑，整个仪器用水力推动运转，后称水运仪象台。

沈括（1031—1095），字存中，号梦溪丈人，杭州钱塘（今浙江杭州）人，生活在北宋时期，集科学家、政治家、思想家、文学家于一身。他是中国科学史历程中最卓越的人物之一，也是一位勤劳而富于创造精神和奋斗精神的科学工作者。他毕其一生专注于科学研究，在众多学科领域都有很深的造诣和卓越的成就。例如，在修订浑仪期间，他经过三个多月的观测和归纳，画了 200 多张图，终于得出“北极星距离天极不动点尚有三度有余”的结论，并仔细描绘出北极星的运行轨迹。这个结论在当时是最为接近真实情况的。

1072 年，沈括出任司天监一职，他发现《大衍历》沿袭至宋代已落后于实际天象，于是他提出以节气定月，彻底用阳历，不管闰月和朔日的设置，将闰月完全去掉。他认为，可以参照节气定月，将一年分为 12 个月，每年的第一天定为立春，这样既符合天体运行的实际，也有利于农业活动的安排。他的这一建议遭到了当时许多人的反对。沈括说：“予今次历论，尤当取怪怒攻骂，然异时必有用予之说者。”900 多年后，英国气象局用于统计农业气候的《萧伯纳历》，其原理正与沈括的《十二气历》相同。

元代著名的天文学家郭守敬(1231—1316)对浑天仪进行了深度改造，称为简仪。简仪去掉了黄道部件，改用赤道坐标系，这种设计思想与后来世界通行的赤道坐标系统相一致，可见当时的设计思想和制造水平在世界上也是一流的，是中国天文仪器制造史上的一大飞跃。与 300 多年后欧洲第一个天文台——汶岛天文台的仪器相比较，简仪堪称当时世界上的一项先进仪器。

浑天仪

每个天文学家都是潜在的宇宙学家。中国古代对于宇宙的认识所形成的学说有三种：盖天说、浑天说和宣夜说。盖天说最早出现在 1 世纪，它认为“天圆如张盖，地方如棋局”，后来演变为“天似盖笠，地法覆盘”；浑天说认为“天圆如弹丸，地如卵中黄”，这一学说的代表人物就是东汉时期的张衡；宣夜说则认为天了无质，日月众星，浮于虚空之中，这一学说更符合现代宇宙观。

第四节　中国古代的数学成就

数学的产生和发展与人类的生活和生产紧密相关，中国古代在数学方面取得过许多重大的成就。早在春秋时期就有了分数的概念和算表，中国古代十大数学名著分别是《周髀算经》《九章算术》《海岛算经》《孙子算经》《夏侯阳算经》《缀术》《张丘建算经》《五曹算经》《五经算术》《缉古算经》，到了宋、元两代，数学的发展达到顶峰，同时也涌现出许多优秀的数学家。

“算表”记载于清华简，距今已有 2300 多年的历史。“算表”可利用乘法交换律原理，快速计算 100 以内两个任意整数的乘积及包含特殊分数“半”的两位数乘法，被众多数学史专家认为是中国发现最早的实用算表，填补了先秦数学文献的空白。它是研究中国古代数学的珍贵史料，也是至今发现的人类最早的 10 进制计算表。其计算功能超过了以往中国发现的“里耶秦简九九表”和“张家界汉简九九表”等古代乘法表。

《九章算术》约于 1 世纪成书，是战国、秦、汉时期的数学集大成之作，凝聚了几代数学家的智慧。其编排自成体系，由易到难、由浅入深、由简单到复杂，符合教科书的特征。因此，后世的数学家大都是从《九章算术》开始学习和研究数学。到了唐、宋时期，朝廷甚至将《九章算术》列为数学教科书，并尊其为数学群经之首。那么《九章算术》究竟有何特点呢？

《九章算术》具有鲜明的社会性和实用性。第一章“方田”，列出 38 道题，主要讲平面几何图形面积(土地面积)的计算方法，包括长方形(直田)、等腰三角形(圭田)、直角梯形

(邪田)、等腰梯形(箕田)、圆(圆田)及圆环(环田)等的面积公式。从第五题开始系统讲述分数的运算,包括约分、通分、分数的四则运算,比较分数的大小,以及求几个分数的算术平均数等。第二章“粟米”,列出46道题,主要讲各种粮食折算的比例问题,在成比例的四个数中,根据三个已知数求第四个数,所用方法称为“今有术”。第三章“衰分”,列出20道题。衰分是按照比例递减分配的意思。这一章主要讲按比例分配物资或按一定比例摊派税收的比例分配问题,其中包含用比例方法解决等差数列、等比数列问题。第四章“少广”,列出24道题,主要讲已知正方形面积或长方体体积反求边长,即开平方或开立方的方法,还给出了由圆面积求周长、由球体积求直径的近似公式。由于取圆周率为3,所以精确度较差。第五章“商功”,列出28道题,主要讲各种形体的体积计算公式。涉及的几何体有长方体、棱柱、棱锥、棱台、圆柱、圆锥、圆台、楔形体等。问题大部分来源于营造城垣、开凿沟渠、修造仓窖等实际工程。第六章“均输”,列出28道题。“均输”意为按人口多少、路途远近和谷物贵贱合理摊派税收和劳役等。这一章主要讲以赋税计算和其他应用问题为中心的较为复杂的比例问题的计算方法。第七章“盈不足”,列出20道题,主要讲以盈亏问题为中心的计算方法。第八章“方程”,列出18道题,主要讲一次方程组问题的解法,并提出了关于正、负数加减运算的“正负术”。第九章“勾股”,列出24道题,主要讲勾股定理的应用和测量问题,以及勾股容方和容圆问题的解法。

许多人学习《九章算术》之后还对其作注,如刘徽曾于263年写道:“徽幼习九章,长再详览。观阴阳之割裂,总算术之根源,探赜之暇,遂悟其意。是以敢竭玩鲁,采其所见,为之作注。”[①]唐代李淳风于656年以刘徽的注本为底本作注,注释的目的是为学子提供适当的教科书,注释以初学者为对象,重点在于解说题意与算法。对于刘徽注文中意义很明确的地方,就不再补注,如“盈不足”“方程”两章就没有他的注文。

刘徽是魏晋时期的数学家,当他登上数学的历史舞台时,摆在眼前的是两份丰富而又有缺陷的数学遗产:一是算筹与算法,当时世界上最先进的记数方法是在我国创造并使用了近千年的十进位值制记数法,记数规则为“凡算之法,先识其位;一纵十横,百立千僵;千十相望,万百相当”(《孙子算经》),计算工具则是算筹,当时的算筹截面形状已由最初的圆形变为方形,长度也由西汉时期的13厘米左右变为8~9厘米。二是自先秦以来被编纂成册的劳动人民在长期的生产和生活实践中积累起来的数学知识,也就是《九章算术》等数学著作。

刘徽生平无传记,据史料推测,其生于3世纪20年代前后,出生地系今山东省邹平市境内,是汉文帝刘恒之子梁孝王刘武的五世孙菑乡侯刘就的后裔。当时的齐鲁地区正是中国文化最重要的中心之一,辩难之风盛行,许多学者云集于此。这一切都为刘徽学习和注释《九章算术》提供了良好的客观环境和坚实的数学基础。263年,他完成了《九章算术注》,时年30岁左右,这个年龄段正是一个人创新的黄金时期。刘徽对数学的贡献主要是他的极限思想,也就是著名的“割圆术”。他用割圆术证明了圆面积的精确公式,并给出了计算圆周率的科学方法。他首先从圆内接正六边形开始割圆,当割到192边形时计算其面积,得到$\pi=3.14$,当割到3072边形时再计算其面积,得到$\pi=3.1416$,这个值被称作

① 张苍等.九章算术[M].邹涌,译解.重庆:重庆出版社,2016:序1.

“徽率”[①]；其思想方法为“割之弥细，所失弥少，割之又割，以至于不可割，则与圆合体，而无所失矣”[②]。综观刘徽的研究思想和研究方法，不难看出刘徽具备一个科学家的高尚品德和科学素养，主要体现在以下几点：

首先是在为《九章算术》作注时，坚持实事求是，一切从实际出发，他所注释言必有据，不讲空话。其次是他认为，人类的数学知识是不断进步的，他佩服古人但不迷信于古人，对此他批判千百年来人们沿袭“周三径一”的错误，为圆周率的提出奠定了基础。最后，他不图虚名，敢于承认自己的不足。如他设计的几何模型“牟合方盖”，虽然没有得到预期的结果，但却指出了计算球体体积的正确途径，他写道：“观立方之内，合盖之外，虽衰杀有渐，而多少不掩。判合总结，方圆相缠，秾纤诡互，不可等正。欲陋形措意，惧失正理。敢不阙疑，以俟能言者。”[③]

刘徽所说的贤能之士在他身后200多年终于出现了，他们便是中国伟大数学家祖冲之与他的儿子祖暅之，他们承袭了刘徽的数学思想，利用“牟合方盖”彻底地解决了球体体积公式的问题。

祖冲之(429—500)，字文远，出生于建康县(今南京市)，是我国南朝时期的杰出科学家。祖冲之青年时代“专攻数术，搜练古今”，他查阅了大量的观测记录和有关文献，然后“亲量圭尺，躬察仪漏，目尽毫厘，心穷筹策”。他能批判地接受前人的科学遗产，取其精华，剔除错误，表现出了古今科学家所共有的刻苦钻研、坚持真理的高贵品质，在天文学和数学两方面取得了非凡的成就。

祖冲之出生在官宦之家，他的祖父辈均对天文历法颇有研究，从小受家庭环境的影响便对天文历法产生了浓厚的兴趣，长大后研读历代历法，对前辈学者的工作了如指掌。他发现这些历法中有许多错误之处，于是他在精心研究前代天象记录的基础上，又对实际天象进行了认真观测和计算，终于在他33岁那年(刘宋孝武帝大明六年)完成了大明历。

祖冲之在数学方面的成就，首先应该是圆周率的计算。在中国古代人们使用最早的圆周率是3，这一数值沿用到汉代时引起了许多科学家的关注，如刘歆、张衡、刘徽等人都做了不少的工作，尤其是刘徽利用“割圆术”得到圆周率为3.14，也有人认为是3.1416。祖冲之在前辈们工作的基础上继续研究圆周率，得到了3.141592653的结果。在当时计算工具还是算筹的情况下，他的计算工作需要何等的精细和超出常人的毅力。

祖冲之的另一项重要数学成就是球体体积的计算。唐代李淳风注《九章算术》在叙述球体体积的计算方法时，却把它记作“祖暅之开立方圆术”，他引用了祖暅之的“夫叠棋成立积，缘幂势既同，则积不容异”。意思是，夹在两个平行平面之间的两个几何体被平行于这两个平行平面的任意平面所截，如果截得的两个截面面积总相等，那么这两个几何体的体积相等，后来这一方法被称作“祖暅之原理”。因此，这一工作可以看作是祖氏父子共同的研究结果。

中国传统数学的研究到唐中叶至元中叶达到了一个高潮，在此期间涌现出了许多优秀的数学家和传世之作，如秦九韶与《数书九章》。美国著名科学史家萨顿对他的评价是

---

① 郭书春，李兆华.中国科学技术史(数学卷)[M].北京：科学出版社，2010：267-270.

② 同上：259.

③ 同上：266.

“他那个民族，他那个时代，甚至所有时代中国最伟大的数学家之一”①。

秦九韶，字道古，1208 年出生于普州安岳（今四川省），与李冶、杨辉、朱世杰并称宋元数学四大家。在评价数学的作用时他写道，“大则可以通神明，顺性命；小则可以经世务，类万物”。这里所谓的“通神明”，即往来于变化莫测的事物之间，明察其中的奥秘；“顺性命”，即顺应事物本性及其发展规律。在秦九韶看来，数学不仅是解决实际问题的工具，而且应该达到“通神明，顺性命”的崇高境界。

《数书九章》全书共九章 18 卷，分 9 类，每类 9 题，共计 81 个算题。第一类，大衍类：一次同余式问题；第二类，天时类：历法计算与降水量问题；第三类，田域类：土地面积计算问题；第四类，测望类：勾股、重差问题；第五类，赋役类：均输、税收问题；第六类，钱谷类：粮谷转运与仓窖容积问题；第七类，营建类：建筑与施工问题；第八类，军旅类：营盘布置与军需供应；第九类，市物类：交易与利息计算问题。

就秦九韶在数学上的成就而言，其堪称一位学识渊博的学者，他钻研数学不是为了升官发财，而是“以拟于用”，千方百计地把自己的数学知识服务于社会。

李冶（1192—1279）与秦九韶属于同时代人，生于北京大兴（今北京市），自幼天资聪慧，受到良好的教育，爱好数学。1230 年考取进士，1248 年完成《测圆海镜》，1259 年完成《益古演段》。他在弥留之际曾对儿子说：“吾平生著述，死后可尽燔去，独《测圆海镜》一书，虽九九小数，吾常精思致力焉，后世必有知者，庶可布广垂永乎？”可见他对自己的数学工作充满自信。

《测圆海镜》共有 12 卷，170 个问题，其主要内容是研究圆和与之相切的各种勾股形的关系，是集金元之前勾股容圆知识之大成，也是中国古代论述容圆的一部专著。书中在解题时应用了天元术的方法，说明在《测圆海镜》成书之前天元术已是当时数学界的共识。由于之前关于天元术的著作全部遗失了，因此《测圆海镜》成了后人研究天元术的第一手资料，也是最重要的证据。天元术的产生标志着我国传统数学中符号代数学的诞生，从而改变了用文字描述方程的旧习惯。李冶已经能够熟练掌握天元术中的加减乘除四则运算和分式运算，还创造性地使用了“〇”、负号和一套相当简明的小数记法，但是仍然缺少运算符号和等号。

杨辉（生卒年不详），字谦光，杭州人，13 世纪南宋著名的数学家和数学教育家。杨辉曾做过地方官，足迹遍及苏杭等地，同僚对他的评价是“以廉饬己，以儒饰吏”，可见他是一个清正廉明的官员。在他所处的那个时代，由于商业的发展，对于数学的要求主要体现在快速计算和普及数学知识方面。因此，他特别注意收集社会生产和生活中的有关数学问题。从 1261 年到 1275 年，他先后完成数学专著 5 种 21 卷：《详解九章算法》12 卷（1261）、《日用算法》2 卷（1262）、《乘除通变本末》3 卷（1274）、《田亩比类乘除捷法》2 卷（1275）、《续古摘奇算法》2 卷（1275），其中后三种合称为《杨辉算法》。

杨辉非常重视数学教育的普及和发展，他的著作的特点是深入浅出、图文并茂，很适合于教学。如在《算法通变本末》（《乘除通变本末》上卷）中，杨辉为初学者制订的“习算纲目”，具体给出了各部分知识的学习方法、时间顺序以及参考书目，相当于我们现在的教学计划，这是中国数学教育史上的创举。他的教育思想同他的数学成就一样，也是留给后世

① 同上：359.

的珍贵遗产。

朱世杰(生卒年不详),字汉卿,号松庭,元代河北人(今北京人),数学家、教育家。1299年著有《算学启蒙》,这是一部算学入门上乘之作,简而不略、明而不浅。其内容从九九表、加减乘除四则运算开始一直到高次开方、天元术,是当时比较完善的数学教科书。1303年《四元玉鉴》问世,这是一部比较深奥的数学专著。作者运用成熟的算筹技术将天元术、二元术、三元术、垛积术与招差术以及开方术进行系统的总结和发展。并且在当时天元术的基础上发展出"四元术",也就是列出四元高次多项式方程,以及消元求解的方法。此外他还将"垛积法"(高阶等差数列的求和方法)与"招差术"(高次内插法)发展到前所未有之高度。

中国古代数学源远流长,至汉代已形成了以《九章算术》为代表的体系,在宋元时期达到高峰。数学的杰出成就主要体现在记数法、正负术、极限、高次方程的数值解法、四元术、同余式、方程术和贾宪三角形(杨辉三角),最为先进的记数法是十进位值制记数法。但到了明朝以后,除了珠算有所发展之外,其他成果几乎后继无人,日渐衰微。明末著名科学家徐光启曾说道:"算术之学特废于近代数百年间耳,废之缘有二。其一为名理之儒士,苴天下实事;其一为妖妄之术,谬言数有神理,能知往藏来,靡所不效。"

徐光启出生在一个由经营商业转归经营农业的家庭。徐光启的研究兴趣广泛,在天文历法、数学、农学、军事等方面都有成就,在数学方面的最大贡献就是对《几何原本》的翻译。

《几何原本》是古希腊科学家欧几里得在总结前人成果的基础上于公元前3世纪编写而成。它有别于起源于实用的中国数学和古埃及数学,它的逻辑推理严密,从公理、公设、定义出发,用一系列定理的方式把初等几何学知识整理成一个完备的体系。直到20世纪初,中国废除科举制度,兴办新式学校,《几何原本》的主要内容才成为中等学校的必修内容,实现了300多年前徐光启"无一人不当学"的预言。

欧几里得的《几何原本》早在13世纪就已经传入我国,17世纪初徐光启与意大利传教士利玛窦合作翻译了前6卷。由于种种原因,此书未能完成全部翻译出版,徐光启在该书的后跋中不无遗憾地写道:"续成大业,未知何日,未知何人,书以俟焉。"200多年后,徐光启所寄希望"续成大业"之人终于出现了,他就是李善兰。

李善兰(1811—1882),原名李心兰,字竟芳,号秋纫,别号壬叔,浙江海宁人,是清朝著名的数学家、天文学家、物理学家和植物学家。李善兰在数学方面的成就主要是尖锥术、垛积术和素数论这三个方面,其中尖锥术理论的创立,标志着他已打开解析几何和微积分学的大门。李善兰翻译的著作主要有《代数学》《代微积拾级》和《几何原本》,其中《几何原本》是他与英国人伟烈亚力合作翻译的,自1852年开始续译了后9卷,1857年正式面世。这是中国历史上第一次将欧氏几何全面介绍到中国,也是第一次将西方近代数学介绍到中国。

在古代的中国,世界被认为是不变的。黄河如带,泰山如砺,被视为皇权和贵族特权万世不移的象征。然而,自鸦片战争之后,国人意识到科学技术的落后已达到极点,必须尽快改变这种落后的状态。一批爱国人士先从翻译西方的科学著作做起,他们先后在各地成立了多个翻译馆,如1862年北京的"京师同文馆",1867年上海的"江南制造局",1897年上海的商务印书馆编译所、大同译书局、译书工会,1900年上海的译书汇编社等。

一时译书蜂起，翻译西方数学、科技著作达170多卷。清末著名数学家、翻译家、教育家华蘅芳(1833—1902)一生酷爱数学，热心洋务运动，为引进西学，赴江南制造局翻译馆翻译西方先进科技图书，为培养人才，他先后于上海格致书院、天津武备学堂、湖北两湖书院任教。华蘅芳的一生为中国数学、科学实验、翻译、教育等领域的发展与进步做出了巨大贡献。

1898年7月3日，京师大学堂成立，这是中国近代第一所国立大学，创办之初也是国家最高教育行政机关，它的成立标志着中国近代国立高等教育的开端。

1905年，清朝废除了从隋朝起绵延了1300多年的通过科举选取人才的制度。

1915年，“中国科学社”在美国康奈尔大学成立，同时创办《科学》月刊，至1951年停刊，共出版35卷。《科学》的办刊宗旨是呼吁国人科学救国，其发刊词中写道：“继兹以往，代兴于神州学术之林，而为芸芸众生所托命者，其唯科学乎，其唯科学乎！”

想一想

1. 中国古代科学技术的发展有何特点？
2. 中国古代在天文观测方面有何成就？
3. 中国古代的数学成就有哪些？

好书推荐

1. 卢嘉锡总主编，《中国科学技术史》，科学出版社，2016.
2. 徐光启，《农政全书校注》(上、中、下)，石声汉校注，石定枎订补，中华书局，2020.
3. 沈括，《梦溪笔谈》，诸雨辰译注，中华书局，2016.

拓展与延伸

第六章　天文学进步引发的科学革命

人类对宇宙的认识是不断发展的。最初人们认识到地球是球形的，日月星辰远近不同，它们的视运动有客观规律可循，于是通过观测天象来编制历法和星表。古代人常常凭主观猜测或者幻想来看待天与地之间的各种问题，有些看法便成为流传久远的神话故事，例如我国的“盘古开天辟地”“嫦娥奔月”“后羿射日”等故事。还有一些人经过长期的思考而得不到答案，如屈原在《天问》中写的那样：“遂古之初，谁传道之？上下未形，何由考之？冥昭瞢暗，谁能极之？冯翼惟像，何以识之？”然而，随着对自然界的长期观察、思考和探索，人类逐渐形成了科学的认识。例如，从月食时地球投到月球上的圆弧影子等现象推断地球为球形；根据同一经度上南北两地正午太阳的地平高度差别，用几何方法推算地球的周长。古人直观感觉日月星辰好像镶嵌在一个巨大的天穹或者天球上绕地球旋转。大多数星辰好像组成特定的不变图形一起旋转，因而称它们为恒星。但还有五颗用裸眼可以看得见的亮星（水星、木星、金星、火星、土星），却常常在恒星之间游动，称之为行星。人们发明了三角测量法来测定太阳和月球的大小以及它们之间的距离。

扫一扫，看视频

亚里士多德在他的著作《论天》中描述的宇宙是以地球为中心的，地球是圆形，日月星辰在天空中围绕地球运行。2 世纪，托勒密进一步发展了亚里士多德的地心说，建立起一个比较严密的、以地球为中心的宇宙图像。他认为地球静止地居于宇宙中心，各行星在其特定轮上绕地球转动且与恒星天一起每天绕地球转一圈，这种用数学理论来描述宇宙的创举，后来得到了教会的认可并流传下来。这是从地中海文明到中世纪结束之前，人类对宇宙的认知。然而，对宇宙认识和探索的脚步并没有停止，1543 年是科学史上从中世纪到近代的过渡期中最有代表性的一年，这一年哥白尼的《天体运行论》问世了。

第一节　哥白尼的日心体系

尼古拉·哥白尼（Nicolaus Copernicus，1473—1543），文艺复兴时期的天文学家和数学家，1473 年出生于波兰维斯瓦河畔的托伦城。他的父亲是当地比较有社会地位的商人，母亲也是托伦城里一个商人的女儿。哥白尼是家中四个孩子里最小的一个，10 岁时父亲去世，后由在天主教会任主教的舅父卢卡斯·瓦琴罗德抚养长大。舅父希望哥白尼从事神职工作，日后可以过上衣食无忧的生活。1491 年，18 岁的哥白尼遵照舅父的安排，来到克拉科夫大学学习法律、拉丁文和希腊文。在此期间,哥白尼萌发了对天文学的兴趣。1501—1503年,哥白尼来到文艺复兴的发源地意大利,在博洛尼亚大学攻读法律和医学,并获得执业医师资格。正是在这所大学他接触到该校天文学教授迪·诺瓦拉,而诺瓦拉是在自然哲学中复兴毕达哥拉斯思想的领袖。在诺瓦拉教授的影响下,哥白尼学到了天文观测技术以及希腊的天文学理论,对希腊自然哲学著作的钻研奠定了他日后批判托勒密理论的底气和信心。1503年,他回到了祖国波兰,任弗洛姆布克天主教堂的教士,在繁杂的行政工作之余,开始构思他的新宇宙体系。

回国后的哥白尼身兼三种职业:教士、医生和天文学家。在工作之余,他的主要精力用于天文研究。他把教堂的一座箭楼用作宿舍和书房,在这里他可以专心致志地观测天象,探索行星运动的规律。由于希望做出比托勒密更加简练的解释,他研读了他所掌握的所有学术资料,包括关于地球和行星运动的各种各样的古代观点。这里值得一提的是,在古希腊曾经有人就提出过"日心说",这个人叫阿里斯塔克。而最接近"日心说"观点的则是毕达哥拉斯的"中央火"。哥白尼从托勒密的体系入手,在认真研读了托勒密的研究成果后,发现托勒密在主观上也是坚持简明和谐的理念,主张把行星的复杂运动简化为圆周运动,但是由于采用的是地心体系,不得不用均轮和本轮来解释和计算天体运动。随着观测的进一步深入,到了哥白尼所处的时代,均轮和本轮的数目已增加到近80个,越来越多的本轮背离了毕达哥拉斯学派的简单和谐观点。哥白尼在思想上倾向于毕达哥拉斯学派,认为天体应该有简单完美的运动,也应该有简单完美的数学描述。哥白尼仔细分析了行星运行的资料,发现每颗行星都有共同的运动:周日运动(地球自转引起的以一天为周期的天体视运动)、周年运动(地球公转引起的以一年为周期的天体视运动)和因"岁差"导致的周期运动。如果将这三种运动都归结为地球的运动,那么托勒密体系中的80个轮就可以减少至34个。

在哥白尼看来,托勒密体系在这一点上还不能算"合格"。所以他想到如果宇宙的中心是太阳而不是地球,那么对天体运行的理解和描述就可能简单得多。经过长期的观测、计算和验证,他发现托勒密的数据与自己观测得到的不一样。他坚信事实重于理论,从1512年起便开始在新假说基础上推算行星的位置。1530年左右,哥白尼将他的学说写成概论,系统论述了他的日心地动学说。哥白尼深知这一理论太富于革命性,所以迟迟不敢正式出版,只以手稿的形式在欧洲学者间广泛传播。最后在他的朋友和学生、德国威丁堡大学数学教授雷蒂库斯强烈要求下,哥白尼终于同意出版全书,但出版事宜全权由雷蒂库斯负责。出版期间雷蒂库斯要返回莱比锡大学任职,就把出版工作委托给奥西安德,奥西安德是一个新教徒,他深知新教领袖马丁·路德是一个坚决反对日心说的人,于是擅自做主在该书的前面加了一篇序言(也许是出于好心),大意是哥白尼只是为了计算方便构造了一个宇宙的数学模型,不一定是对真实世界的描述,还宣称把这本书献给教皇保罗三世,希望获得他的支持和庇护。由于这篇序言没有署名,大家一致误认为是哥白尼本人所写。由于采取了这些掩护策略,这部巨著终于付印出版。遗憾的是当时的哥白尼已积劳成疾而卧病在床,当第一本书送到哥白尼手里几小时之后,他就与世长辞了,时间定格在1543年5月24日。

这部著作的初版名称为《托伦的尼古拉·哥白尼论天体运行轨道》,后来简称为《天体运行论》,其主要内容如下:

第一卷共 14 章，这一部分是全书的精髓，也是哥白尼学说的革新内容，依次描述了“宇宙是球形的”“地球也是球形”“大地和水如何构成统一的球体”“天体的运动是匀速的、永恒的和圆形的或是复合的圆周运动”“天比地大，无可比拟”“天球的顺序”等。在哥白尼的观点里，宇宙应该是球形的，球形是最完美的，虽然缺少证据，但这种观点是当时科学家们的普遍观点。哥白尼描绘的宇宙图景是：太阳位于宇宙的中心，水星、金星、地球带着月亮、火星、木星和土星依次绕着太阳运行，最外围是静止的恒星天层。根据日心说，哥白尼可以很简洁地解释行星视运动中的“留”“逆行”等现象，以及水星和金星的大距①。而在托勒密体系中，为了解释同样的现象，需要引入许多特定的假设，因而破坏了理论的完整性。因此哥白尼认为他的宇宙体系比托勒密体系更加优越。

第二卷共 14 章，主要论述地球的三种运动（即周日自转、绕日公转和赤纬运动）所引起的一系列现象，如昼夜交替现象、四季轮回现象等，给出了一些基本的专业术语如赤道、黄道、地平、回归线等的定义以及它们在天球上的位置，并且依次讲述了赤道、黄道和地平三套坐标系中天体位置的转换方法，叙述了天体中天时的黄道度数、正午时的日影长度、昼夜长度变化等的测定方法。

第三卷共 26 章，主要讨论岁差问题。哥白尼根据古代的观察记录，提出了从提摩恰里斯到托勒密时代的 432 年间，岁差值为每 100 年 1 度；从托勒密到阿耳・巴特尼的 742 年间，岁差值平均每 65 年 1 度；到了哥白尼的时代，岁差值又变成了每 76 年 1 度。因此他得到的结论是：二分点的移动时快时慢。这样的结论与古代观测者观测精度有关。哥白尼通过研究发现造成岁差的原因是地球自转轴的方向变化。

第四卷共 32 章，主要是围绕月球的运动展开讨论。首先讨论月球是如何运动的，它的运行与地球密切相关，它的运行轨道既不在黄道上也不在赤道上，而是有自己独特的轨道。其次讨论了月球的视差问题，哥白尼在这一卷里将托勒密的观测资料与自己的观察结果进行比对，然后求出地月距离和月球的直径，在此基础上进一步计算出太阳、月亮和地球三者的相对大小。这一卷的最后还讨论了日食和月食是如何发生的等问题。

第五卷和第六卷共 45 章，讨论的是当时已知的五大行星的运行情况。哥白尼描述了行星视运动是由两种完全不同的运动合成的，一是由地球自转引起的“视差动”，二是行星自身绕日公转。为了研究清楚行星的真实位置，哥白尼在最后两卷重点讲述了地球的自转如何影响行星黄经上的视运动和黄纬上的偏离。

1543 年，哥白尼《天体运行论》的出版，标志着始于公元前 4 世纪、带有柏拉图主义色彩的对行星几何模型的追求达到了高潮。

在哥白尼去世后的一个世纪里，天文学发生了巨大的变化。

哥白尼在其目的、方法和技术上都是一个传统主义者。但是他的《天体运行论》播下了革命的种子：为什么稳定的地球不仅可以旋转，而且当它疾驰穿过空间时，它的“乘客”根本感觉不到正在发生的一切？地球为什么成为球形？对亚里士多德来说答案是简单的：任何土质的已离开了它们在宇宙中心自然位置的物体，都要自然地向其中心运动，因此，聚集成一个近似的球体是不奇怪的。哥白尼只能够提出这样的解释：地球质

---

① 指从地球看出去，行星和太阳的最大夹角，通常用以形容水星或金星和太阳的夹角。

的物体聚集在一起形成作为行星的地球，就像金星质的物体聚在一起形成金星。为了解释地球的周日运动，哥白尼认为它是个天然的球，天然的球就会天然地旋转。他也许已经想到了地球是嵌入一个巨大的看不见的球体里面的，这个球旋转着并带着地球在它的周年轨道上绕太阳旋转。但他的这种观点是不明确的。哥白尼促进了行星运动学问题的解决，但是产生了动力学上的新问题：是什么使得行星特别是地球运动起来的呢？

在回答这些问题的过程中出现了三个关键性的人物，分别是第谷·布拉赫、约翰尼斯·开普勒和伽利略·伽利雷。

第二节　第谷对火星的观测

哥白尼去世后的第三年，第谷·布拉赫出生了。如果说哥白尼是16世纪上半叶欧洲最伟大的天文学家，那么第谷就是下半叶杰出的天文学权威。虽然他在宇宙观上不赞同哥白尼的日心体系，但是他的天文观测工作却对日心体系的巩固和发展起到了非常重要的作用。

第谷·布拉赫(Tycho Brahe，1546—1601)出生在一个声名显赫的贵族家庭，从小受到良好的教育。1559年他进入哥本哈根大学学习法律和哲学，由于有特权的出身，可以免于通常的谋职压力，因此他可以从一所大学进入另一所大学进行自由式学习。1560年，哥本哈根当地观象台预报，当年的8月21日会发生日食，这对只有14岁的第谷来说充满了吸引力，根据预报他果然在那天看到了日食的全过程。他对于观象台预报的准确性非常钦佩，由此对天文观测也产生了浓厚的兴趣。1563年，木星与土星在恒星天空背景下发生“合”(conjunction)，第谷有幸观察到了这次天文现象，并且留下了他人生的第一次天文记录资料。随后他发现13世纪“阿方索星表”(根据托勒密行星模型计算得到)对于“合”日期的预测误差达到一个月，即使是基于哥白尼模型的“普鲁士星表”也有两天的误差。这使他确信必须在精确观测的坚实基础上，对天文学进行一次改革，而这样的精确性只能来自经过改进的仪器和观测技术的结合。

从1565年开始，第谷正式开始了天文学研究的生涯。第谷首先到欧洲各国游学，特别是在德国的罗斯托克大学攻读天文学，在这里掌握了大量的天文学方面的知识。1570年，第谷在舅舅的资助下建立了一座观测台，开始了自己的天文观测工作。

1572年11月11日夜里，第谷像往常一样用肉眼观察着群星荟萃的天空，突然他发现仙后座中有一颗之前没有出现过的亮星。这是一颗行星吗？在好奇心驱使下，他连续关注这颗星长达1年零4个月，这期间他目睹了星起星落、星亮星暗，记录了这颗星的色泽、亮度和各种变化。这项工作令他兴奋不已，他以最快的速度把自己的发现公之于世——出版了《论新星》。在这本书里，他首次发明了“新星”一词，而且视差的测量结果证明新星属于月上世界，距离我们相当遥远(现在被称为第谷超新星，编号SN1572)。这一观测事实动摇了亚里士多德的天体不变的学说，开辟了天文学发展的新领域。

第谷虽然出版了他对新星的观测结果，但他的小册子并没有产生多少影响。然而大自然似乎特别眷顾第谷，1577年又一次满足了他的愿望：一颗明亮的彗星真的出现了，第谷的观察也表明它是天体。更精确的是，它位于行星际空间。这次第谷决定要让人们清楚地知道彗星究竟是何物，他准备了一份关于观测的精密分析报告，超过200页，还附录了一份更长的对于其他观测结果的批评。

第谷观察彗星

这是一部木版的大书，当它最终在1588年出版时，彗星从气象学到天文学的转变也确定了。随着这种转变被承认，关于天空的变化就再平常不过了。

随着第谷的深入学习，他发现当时人们对天象的预测十分不准确，对天文观测也不够重视。第谷对新星和大彗星的观测，使用的是商业上可得到的仪器；但是直到大彗星出现之际，第谷一直在致力于仪器和观测技术的基本改革。为此目的，他将需要王室层面的资金支持。

1575年，第谷拜访了黑森伯爵威廉四世——也是一位非常热心的观测者。也许是在伯爵的推荐下，也许是丹麦国王怕人才流失到当时的天文学中心德国，总之，1576年，第谷被丹麦国王授权掌管位于丹麦海峡的汶岛。在那里，第谷拥有了空间、时间和财政自由，建立了基督教欧洲第一个重要的天文台。

第谷设计和建造了放置新仪器的房间、专门用于观测的房间、自己和助手的宿舍，甚至还有造纸厂和印刷所，这样他就可以自己出版观测结果。

当第一个天文台天堡(Uraniborg)建成时，显得有点小，第谷又在附近建造了星堡(Stjerneborg)。星堡建于1584年，它位于地下，这样可以帮助仪器避风。每个房间都装有一架主要仪器，观测是通过地面的窗口和可转动的房顶进行的。这两个天文台也使第谷确保了由不同的小组或助手所进行的测量是真正独立的。

第谷的天文学工作主要在实测方面，他研究了精密天文学的大多数问题，包括研制建造高精度的天文仪器、获得精确而系统的观测资料、以很高的精度测定许多重要的天文常数。

尽管第谷的观测是靠肉眼进行的，但他设计的观测仪器却非常精确。为了观测1577年的彗星，他设计并制造了一台黄铜方位角(Brass Azimuthal Quadrant)，这台仪器半径

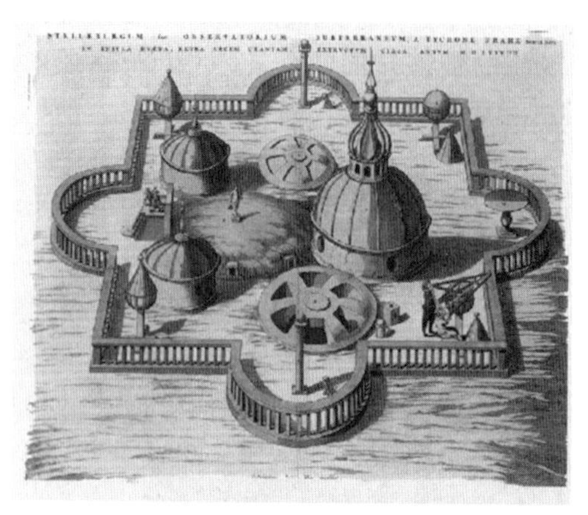

新仪器房间

观测房间

第谷及助手的宿舍

图书馆

为 65 厘米，精度为 48.8 秒弧度，是在汶岛建造的第一台仪器。

地球仪(Great Globe)，这台仪器是用木头制作的空心球体，表面覆盖了一层黄铜，半径约 1.6 米。经过 10 多年的制造，于 1580 年后期投入使用。

三角六分仪(Triangular Sextant)，这台仪器建于 1582 年，半径约 1.6 米。后因为体积增大，便成了固定的仪器。

浑仪(Armillary Sphere)，建于 1581 年，半径 1.6 米。第谷很快放弃了使用大型经典浑仪，因为他发现各种部件的巨大重量使仪器产生弯曲，进而影响了精度。这促使第谷进一步去设计赤道浑仪。

大型的赤道浑仪(Great Equatorial Armillary)，建造于 1585 年，直径 3 米。这是一个只剩下基本构架的浑天仪，也是第谷的主要工具之一。

旋转钢象限(Revolving Steel Quadrant)，建于 1588 年，半径 2 米，精度约为 36.3 秒弧度。

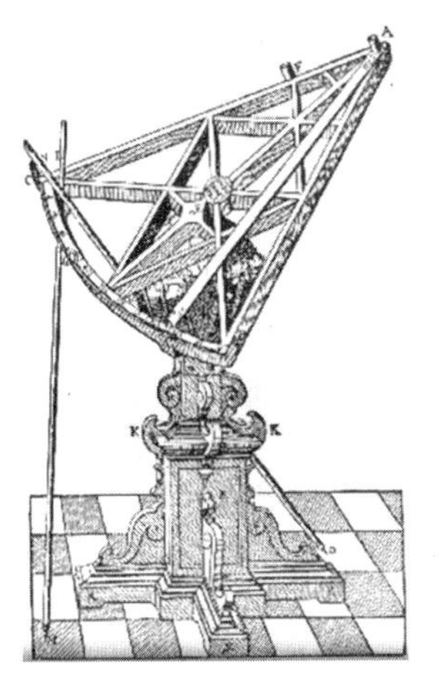

黄铜方位角

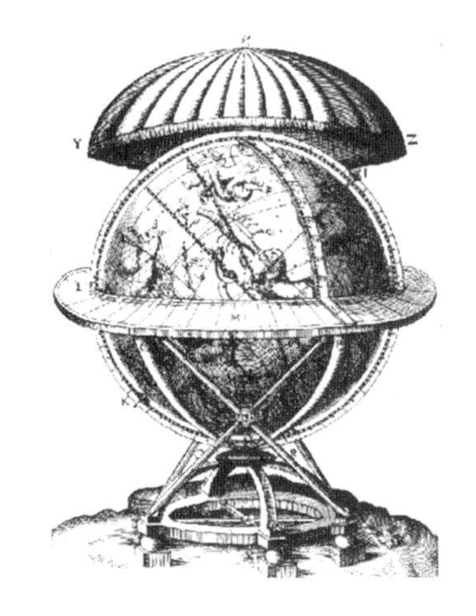

地球仪

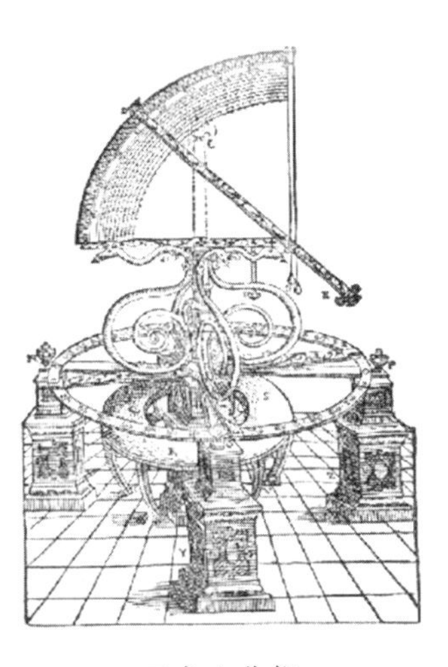

三角六分仪

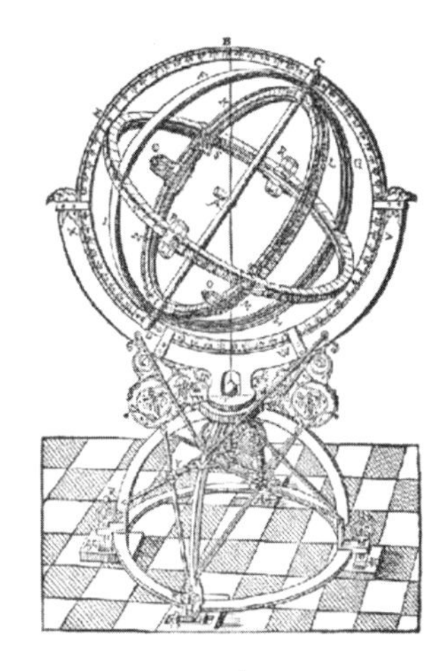

浑仪

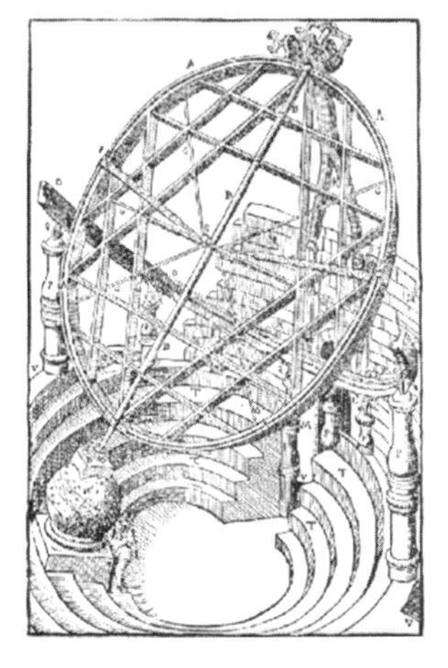

大型的赤道浑仪

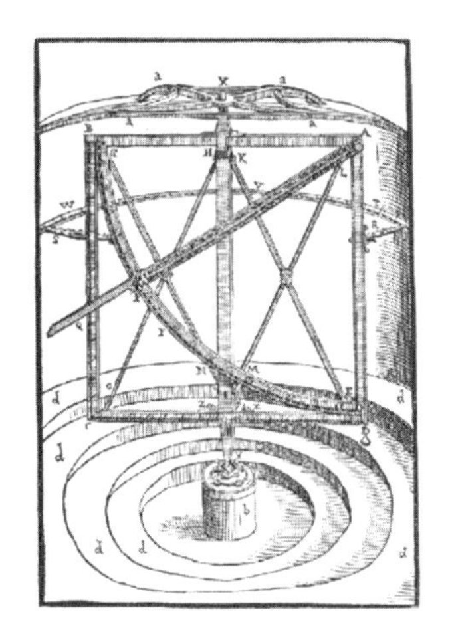

旋转钢象限

关于第谷未能发现周年视差的原因有两种说法。一种是他认为哥白尼是错的，地球上的观测者事实上是静止的；另一种是恒星太远了，以至于它们呈现的位移太小，依靠第谷的仪器还观测不到。第谷估计，在后一种情况下，恒星应当比最外层行星远700倍或更多。这将导致行星和恒星之间有一个巨大的空间断层——恒星能够在那么远的地方还显得那么大，它必须拥有非常大的体积。对于第谷而言，这样的一个宇宙是难以想象的。

第谷一方面不赞成地球运动之说，一方面又无法回避《天体运行论》带给天文学的数学和谐性。因此他既拒绝托勒密体系也不承认哥白尼体系，而是发明了第三种体系——第谷体系：地球静止，位于中心，周围环绕着月亮和太阳，五颗行星是太阳的卫星，并且在太阳的带动下绕地球旋转。在最远的行星到达的地方之外是一层很薄的空间外壳，这个外壳以地球为中心，恒星就在这个外壳上。

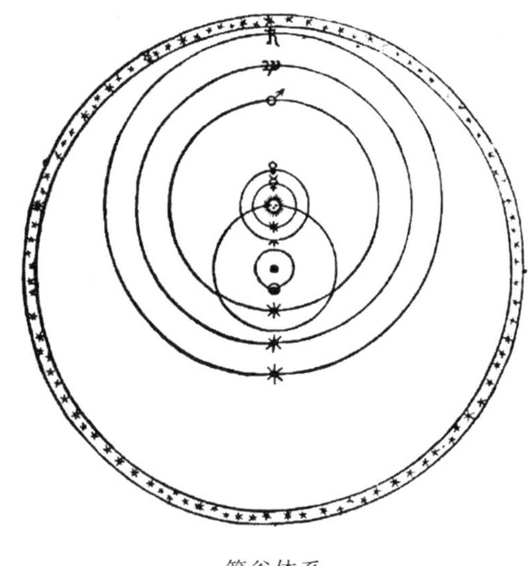

第谷体系

第谷的宇宙体系显得十分紧凑，即使是托勒密的宇宙半径也比它大一半。这个体系最为显著的特征就是，它适合折中地解决《天体运行论》引发的问题。因为地球是静止的，而且处在中心位置，所有反对哥白尼体系的争论在这里都消弭于无形了。

1588年，丹麦国王腓特烈二世去世，第谷的影响力从此逐步下降。经过几次不愉快的争执后，第谷于1597年离开了汶岛，两年之后，他到了布拉格，开始为更欣赏他的赞助人神圣罗马帝国皇帝鲁道夫二世服务。鲁道夫极尽慷慨之能事，但此时的第谷已经失去了观测的兴趣。他现在主要关心的是将他在汶岛工作了20多年所取得的一系列重要成果出版成册。

1600年，第谷遇到了自己十分喜爱的弟子——开普勒，并邀请他做自己的助手。虽然开普勒相信日心说，两人所持宇宙体系的观点不同，但第谷十分欣赏开普勒的计算才能，希望开普勒协助处理自己的观测数据，而开普勒也很想得到第谷精确的观测数据来论证日心说的正确性。

次年第谷逝世，他把自己的观测成果传给了开普勒，开普勒接替了他的工作，并继承了他的宫廷数学家的职务，同时也答应完成第谷交给他的另一项工作——编制“鲁道夫星表”。第谷极为精确的大量天文观测资料为开普勒日后的工作创造了条件，也为天文学的发展做出了非凡的贡献。

第三节　开普勒对行星运行规律的认识

约翰尼斯·开普勒(Johannes Kepler，1571—1630)，德国杰出的天文学家、物理学家和数学家。1571 年 12 月 27 日出生于德国南部的魏尔市，从小体弱多病，3 岁时染上了天花，导致他手眼留下了轻度残疾。所幸的是他智力超人，善于思考，尤其在数学方面表现出极高的天分。1587 年，开普勒进入图宾根大学学习神学，本打算日后成为一名牧师。在求学期间，他遇到了图宾根大学天文学教授迈克尔·马斯特林，这是一位优秀的大学教师，一位特别有能力的数理天文学家，正是在他的影响下，开普勒很快成为哥白尼学说的忠实拥护者。大学毕业后，在马斯特林的推荐下，开普勒来到奥地利的格拉茨大学任数学和天文学讲师。

开普勒

开普勒是那个时代天文学家中的“异类”，他总是很坦诚地公开自己的错误，他需要向他的读者分享他在发现之路上的胜利和失望。他在无数页纸上的计算中犯错误，因为他所需要的数学技巧当时还不存在。在他的天文学生涯中，开普勒一直试图识别出“创世者”在设计宇宙时使用的几何关系。

1596 年，开普勒出版了《宇宙的奥秘》一书，揭示了行星轨道之间的几何关系，也就是行星球模型——每个多面体有一个内切球，它同时又是下一个正多面体的外接球。正八面体的内切球和外接球的半径分别同水星到太阳的最远距离和金星到太阳的最近距离成比例；正二十面体的内切和外接球的半径分别代表金星到太阳的最远距离和地球到太阳的最近距离。正十二面体、正四面体和立方体可类似地插入地球、火星、木星和土星的轨道之间。开普勒高兴地认为“上帝”真的是一位几何学家，而他本人发现了“上帝”创造宇宙的秘密。

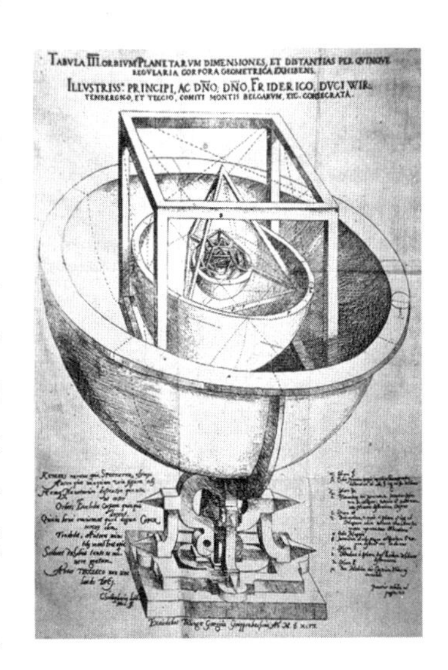

《宇宙的奥秘》

开普勒给第谷寄去了一册他的书。第谷看出这是一部有着特殊数学意义的作品，于是给开普勒写了一封信，邀请开普勒到汶岛来访问。然而，汶岛距离格拉茨太遥远了，进行这样一次访问绝非易事。1598 年，奥地利爆发了天主教与新教徒之间的冲突，开普勒作为新教徒，在格拉茨的处境变得非常困难，此时他得知第谷已经离开汶岛到了布拉格，于是决定做一次试探性的拜访。

1600年2月，开普勒到达第谷在布拉格的天文台，对火星轨道进行了三个月的研究。研究结束后，开普勒回到了格拉茨。但到10月份他又敲响了第谷的门，继续研究火星。一年后第谷病逝，开普勒被第谷选为自己的接班人。

第谷积累了大量的行星观测资料，一直试图根据这些观测结果建立一个数值行星理论，以满足星表的简便编算，但是他的早逝使得他的这一愿望没有成真。第谷在病榻上将这项工作托付给开普勒。据说他嘱咐开普勒要按照第谷体系，而不是按照哥白尼体系构建新理论。

开普勒最终能在行星运动理论上取得突破性的成就，得益于他获得的三大遗产：

第一是哥白尼的日心体系；

第二是第谷精确的观测资料，尤其是对火星位置数十年如一日的观测资料；

第三是威廉·吉尔伯特1660年出版的《论磁》一书，书中吉尔伯特认为地球是一个巨大的球形磁体。

在《宇宙的奥秘》中，开普勒根据正多面体模型计算出来的行星距离与前人观测所得结果并不完全一致，开普勒当时简单地把这种偏差归咎于观测的误差。当他得到第谷的那些无可争议的观测资料之后，开普勒对行星的距离和运动进行了更加细致的研究。

由于对火星的观测资料最为翔实，开普勒就从火星开始研究。他发现用单个圆构成的模型能够生成火星的黄经运动，但是在研究这个圆是否也能说明行星的黄纬运动时，他发现有8′的误差。这个误差对于任何一个第谷的前辈来说，都是可以接受的，但是第谷观测的精确性高于8′，如果观测数据没有问题，那就是理论模型存在问题。

为了寻找替代理论，开普勒暂时放下对火星的研究，开始研究地球的运动。刚开始研究地球运动时，开普勒就发现，地球的运行轨道依然不是正圆，只是地球的偏心率比火星的更小。于是，为了厘清偏心问题，开普勒转而将注意力放到行星的运动速度不均匀这一现象之上。

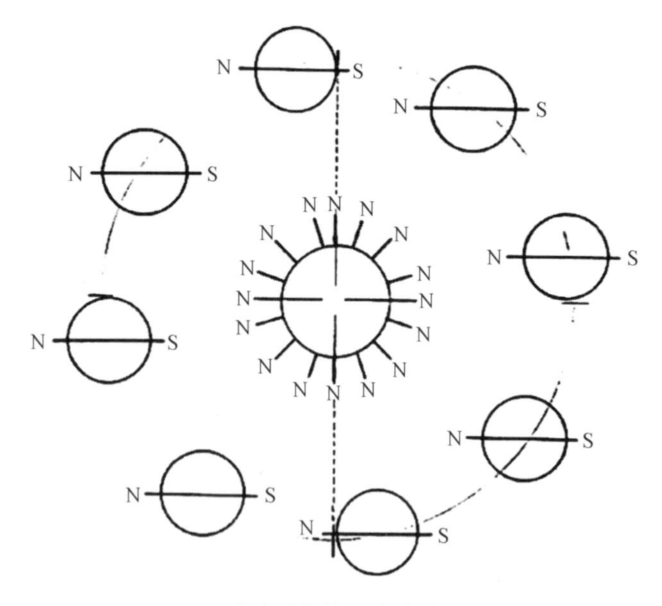

地球可能的运动原因

开普勒证实了行星在远日点和近日点的速度大致与行星到太阳的距离成反比。于是他将这个结论加以拓展，认为行星的速度与离开太阳的距离成反比，事实上这个结论是错误的。此时的开普勒没有把哥白尼体系当成纯粹的数学模型，而是将它作为实在的东西接受，并进而考察行星绕日运动的物理原因。起先，开普勒怀着神秘的想法，认为行星具有“灵魂”或“意志”，它们有意识地使行星运动。等到发现行星的速度与到太阳的距离成反比这一结果，开普勒放弃了原先的想法，提出了力作用于行星的见解。

吉尔伯特在《论磁》一书中，把地球看作一个巨大的磁球，开普勒受到吉尔伯特的启发，认为行星受到磁力的推动而运动。他认为，这种非物质性的力是从太阳发出的，它通过旋转而推动行星运动。这种力的大小与到太阳的距离成反比。开普勒所表现出的是一种对亚里士多德物理学的反思和继承，在亚里士多德体系中，天体运动是自然运动，没有必要对此作出更详细的说明。把天体运动看作是力引起的，意味着抛弃以“固有位置”为根基的运动论。但是，开普勒只是把“地上”的亚里士多德的力学推广到了“天上”。行星的速度和所受力都与到太阳的距离成反比，完全符合运动速度与所受力成正比的亚里士多德运动学规律。

获得以上重要却错误的结论之后，开普勒重新开始了对火星运动的研究。他首先提出了确定任意时刻火星位置的问题。这需要给出火星运动经过的路程（如圆弧 QM）和火星从 Q 到 M 所需的时间之间的关系，但是这对当时的数学发展水平而言是不可能的。于是开普勒采取了如下近似法：圆弧上一点 M 处的速度与 SM 的长度成反比。因此，通过 M 处一定长度的弧所需要的时间可用 SM 的长度来表示。由此，通过弧 QM 所需要的时间 T 可表示为动径 SM 的和。

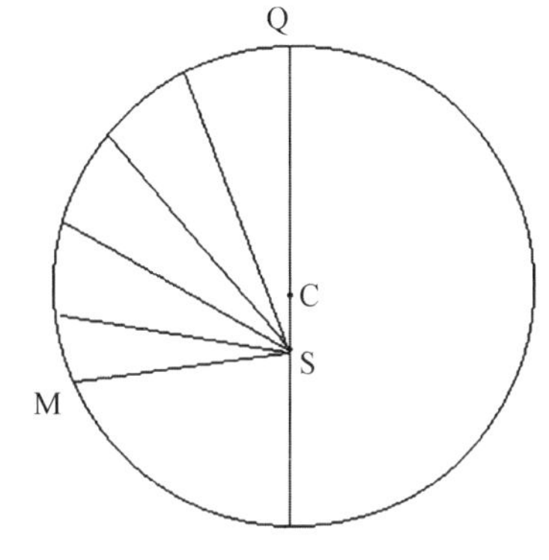

火星运动模型

按照阿基米德的理论，动径之和就是扇形的面积。但是阿基米德的这个结论只有在 S 位于圆心 C 处时才成立。开普勒却大胆认为它在偏心圆的情况下也成立，于是给出了动径扫过的面积与时间成正比的推断。从推理过程来看，这是一个很粗糙的结论，但由此得到了面积速度恒定的定律（开普勒第二定律）。开普勒就这样找到了计算给定时刻的行星位置的方法。据此，从给定的三个位置就能计算出该行星的远日点位置和偏心率。可是当开普勒挑选了火星的几组三个位置的数据进行计算时，却发现结果互相不一致。于是开普勒抛弃了从柏拉图以来把天体运动看作沿圆形轨道运动的信条，那么火星轨道既然不可能是圆形的，又会是什么呢？

开普勒首先考虑卵形轨道，但计算结果难以与面积定律相符合。后来他尝试椭圆，经过冗长的计算和苦思冥想，最后他确认，唯有椭圆才是火星的轨道。

开普勒再次大胆地将从火星的研究中得来的规律推广到所有行星。1609 年，他出版了新作《新天文学：基于原因或天体的物理学，关于火星运动的有注释的论述》（简称《新天文学》），这是一部令人望而生畏的巨著，从概念上说，它在数学和物理学两方面都具有不确定性。在这本书中开普勒公开了行星运动的第一定律（椭圆定律）和第二定律（面积定律）。由此，开普勒将作为几何学一个分支的天文学转变成了物理学的一个分支。

值得一提的是，约一个世纪以前，哥白尼已经开始寻找满足几何简单性要求的行星系统。此时这个问题被开普勒解决了，他所达到的简单性在天文学史上超出了前人的认识——仅仅用一种圆锥曲线就足以描述所有行星的轨道，偏心圆和本轮的全部复杂性湮没在了椭圆的简单性中。但接受椭圆简单性是有代价的，那就是必须抛弃圆及其拥有的完美无缺、不易性和有序性的古老内涵。我们既可以说开普勒完善了哥白尼学说，也可以说他颠覆了哥白尼学说。

1618年，开普勒的又一新作《宇宙和谐论》问世，在这本书中，开普勒在几何学和天文学的各个方面寻求算术比例中的和谐；他研究了行星在轨道上的加速和减速等问题，他相信能够从中得出天体音乐的真正音符；开普勒还找到了各行星到太阳的距离的规律：行星运动周期的平方，与椭圆轨道半长轴的立方成正比，这就是后来的“开普勒第三定律”。

上述所有的精彩结论都只是理论上的，开普勒天文学尚未经历传统的实际考验，那就是能否据此编制出更高精度的星表。如果说第谷对天文学的兴趣来自对基于哥白尼模型的“普鲁士星表”的不满，那么，1601年当第谷将开普勒介绍给鲁道夫二世的时候，这位国王就已经给他分派了任务——和第谷一道制作由第谷设计好的新的星表，这个星表将被命名为“鲁道夫星表”。开普勒不忘使命，终于在1627年完成了“鲁道夫星表”。

1631年11月7日，距离开普勒去世一年，法国天文学家皮埃尔·卡西尼成为历史上首次观测到水星凌日的人。“鲁道夫星表”的误差仅仅只有太阳半径的1/3，但是被之取代的“哥白尼星表”的误差是“鲁道夫星表”误差的30倍。如果“鲁道夫星表”确实是非常精确的，那么基于这个星表的行星定律将是值得认真考虑的。

如果说第谷的背后有国王，伽利略的背后有公爵，牛顿的背后有政府，那么开普勒的背后却是一个来自科学界同行的称谓：天空立法者。无论是怎样的疾病、痛苦和贫穷，始终没能改变开普勒对科学的热爱和对真理的追求。

第四节　伽利略对近代科学的贡献

伽利略·伽利雷（Galileo Galilei，1564—1642），意大利物理学家和天文学家。他开创了以观察和实验为基础，具有严密逻辑推理和数学表述形式的近代科学，被后人誉为“近代科学之父”。

1564年2月15日，伽利略出生于比萨的一个布商之家，从小酷爱机械，喜欢做水磨、风车、船舶等模型，也喜欢绘画，在数学方面颇有天分。但是，他的父亲认为只有学习哲学、医学和宗教才有前途。1581年，伽利略遵从父命进入比萨大学学习医学，但是他的兴趣还是在数学和物理两方面，随后转学数学。1585年，21岁的伽利略因家庭生活困难退学回家，在佛罗伦萨一边担任家庭教师一边勤奋自学。他对古希腊的科学家非常崇拜，尤其是阿基米德的物理实验和数学推理方法深深地吸引着他，并引领着他在科学的道路上前行。他从阿基米德的著作《论浮体》和杠杆定律中得到启发，把纯金和纯银的重量与体积的关系制成表，然后刻在秤上，利用密度（比重）的不同，可以快速确认金银等合金制品的成色。1586年他的第一篇论文《天平》记述了这项工作。这项工作在当时也引起了不小的轰动，他的朋友们都称他是“新时代的阿基米德”。

1589年，伽利略又发表了一篇论文，题目是《论固体的重心》，这篇论文为他赢得了新的荣誉——成为比萨大学的数学教授。虽然伽利略在这里仅仅工作了3年，但是在此期间，他一直潜心研究古希腊哲学家亚里士多德的工作。亚里士多德认为：物体下落的速度与物体重量成正比，也就是说，从同样高度落下的两个物体，重的物体比轻的物体先落地。对于这样的问题，在伽利略之前的1000多年里没有人质疑。但是伽利略认为：一个真理要成为真理，除非我们对可以测量的真理进行测量，并使不能测量的真理能够测量。因此，他决定用实验来证明自由落体运动。他选用的实验材料是铁球、木球、铁球加木球，让这三者从同一高度落下，结果发现三者几乎同时落地。这个实验结果不仅证明了自由落体定律，而且使得伽利略名声大噪，以至于后人为了提高比萨城的知名度而杜撰出所谓的比萨斜塔实验。

1592年，伽利略来到帕多瓦大学任数学教授。这所学校的最大特点是学术氛围浓厚、学术思想自由，在这里伽利略发现了钟摆振动的等时性、抛体的运动规律、物体的惯性定律以及力学的相对性原理等。在此期间，除了取得力学上的成就，伽利略在天文学方面也崭露头角。

从伽利略开始，天文学家将比他们的前辈拥有更大的优势。一是因为可以阅读更多的著作；二是因为先进的仪器可以让他们看到先辈们无法用肉眼看到的东西。正如伽利略所说："如果他们看到了我们所看到的，他们也将做出我们所做出的判断。"

1609年夏天，伽利略在威尼斯访问时偶然听到一个消息：在荷兰有一种由一个圆筒和两片有曲面的玻璃片构成的仪器，能将很远的东西看得很清楚。伽利略希望仔细地验证这个传闻的真实性，为此他决定自己制造一个这样的仪器。一个月之后，他制作完成了一台望远镜，放大倍数可达7～8倍。到1609年底，伽利略将望远镜的放大倍数扩大到了20倍。

当用望远镜观察宇宙时，伽利略看到了许多用肉眼无法看到的恒星。伽利略还发现，尽管行星的视圆面可以按照望远镜倍数扩大，但是恒星就不行了。这对于哥白尼主义者来说是个好消息。第谷已经估算过，为了解释探测恒星周年视差的失败，哥白尼主义者将不得不把恒星放置到700倍于土星距离的地方，并且为了在如此远处还呈现视圆面，这些恒星必须是极其大的。

现在伽利略证明这些恒星的视圆面只不过是一种错觉。

1610年1月7日是一个值得纪念的日子，这一天伽利略第一次用望远镜观测木星时，发现木星有卫星。当时他发现木星位于三颗小星的中间，而这三颗小星令人惊奇地排成一条直线，两颗在木星东面，一颗在木星西面。木星那时正向西(逆行)运动，因此，伽利略预测在这之后的夜里，木星将运动到这些小星的西面，但事实上它却出现在了东面。第二天晚上是多云天气，看不到木星。但是到了1月10日，他发现木星位于两颗小星的西面，而第三颗小星不见了；到了1月13日，小星变成了四颗，一颗在东，三颗在西。1月15日，伽利略意识到所谓的"恒星"实际上是卫星，是绕木星旋转的卫星。地球不再是唯一的绕转中心，也不存在唯一的绕转中心。

对于自己的发现，伽利略兴奋不已，他非常希望与别人分享自己的喜悦。他很快就写信给远在德国的天文学家开普勒，开普勒也马上给伽利略写了回信，并给予热情的支持。

月亮周期性地出现在天空，引起人类无穷的想象。当伽利略用望远镜对准月亮时，他惊奇地发现，月球外观并非白璧无瑕，上面不仅有平地，有山脉，还有火山口。伽利略在激动之余绘出了第一幅月面图。

伽利略还发现，在传统宇宙理论中作为完美象征的太阳，其表面实际上是“斑斑点点、不洁净的”；土星看起来有神秘的附属物；更重要的发现是金星有着与月相一样的位相，有时呈现满月那样的圆面，有时则如一弯新月。这完全不能与托勒密关于金星的几何学相容。

伽利略对哥白尼学说的热情支持和宣传，最终使得罗马的宗教法庭对其采取了措施。1616 年宗教法庭宣布，《天体运行论》将被停止传播，直到它被修正为止。枢机主教罗伯特·贝拉明口头警告伽利略不可以再相信哥白尼的日心体系是真实的，或为其辩护。

伽利略没有被教庭的警告吓倒，反而继续进行观察、思考、分析和研究。

1623 年，伽利略得知他的好朋友马费奥·巴尔贝里尼成为教皇乌尔班八世，于是 1624 年他来到罗马晋见教皇，受到教皇的热情款待，教皇当面称赞伽利略学问卓越。得到教皇赞许的伽利略回家后，进一步深入研究哥白尼学说的正确性，同时对亚里士多德的某些观点和托勒密的地心说观点进行了驳斥。大约从 1626 年开始，伽利略把自己的一些见解和观点整理成册，书名暂定为《潮汐对话》，1629 年完成初稿。书中主要讨论三个话题：证明地球在运动、充实哥白尼学说、讨论地球上的潮汐现象。为了使《潮汐对话》能够公开出版，伽利略可谓是煞费苦心，首先他写了一篇言辞隐晦的序言，没有直接抨击亚里士多德和托勒密的错误，也没有直接论证哥白尼的正确性，而是采用启发式的观点让读者自行领会其中的含义。其次，为了保险起见，1630 年他怀揣《潮汐对话》亲自前往罗马请求教会审查该书，并于 1631 年得到出版许可。1632 年该书在佛罗伦萨以意大利文出版，书名改为《关于托勒密和哥白尼两大世界体系的对话》（简称《对话》），书中对于哥白尼宇宙学说的优点给出了精彩的陈述，并且附上了通过望远镜获得的支持证据。《对话》采用了三个朋友之间对话的形式。“菲利普·萨尔维阿蒂”代表哥白尼；“辛普利邱”是一个亚里士多德主义者，代表托勒密；“沙格列陀”是一个很有理性的人，他赞同萨尔维阿蒂的观点，实际上代表伽利略本人。四天的对话内容分别是：第一天以亚里士多德的《论天》为切入点，批判了所谓的“天不变”等一系列谬误；第二天用科学事实证明了地球的周日运动（自转）；第三天主要讨论地球的周年运动（公转）；第四天讨论潮汐问题。

《对话》支持哥白尼学说的鲜明立场最终造成了教会神学家们的恐慌和不安。1632 年 8 月，罗马宗教裁判所下令禁止出售《对话》，伽利略也被召唤到罗马并被指控违反了 1616 年的法令。1633 年 4 月，罗马宗教裁判所根据教皇的旨意，对伽利略进行了审讯。1633 年 6 月审讯结束，伽利略以“将危害天主教会今后的名誉”为理由公开放弃了哥白尼学说，在严刑逼迫下在“忏悔书”上签字，从而被判处终身监禁。

伽利略虽然被限制了行动自由，但他那颗热爱科学的心却没有片刻静止。他的研究重点重新回到早年感兴趣的物理学领域。1638 年他完成并出版了《关于两门新科学的对话》。书中讨论了物质结构和运动定律这两个物理学的基本问题，奠定了物体运动的数学基础。

1642 年 1 月 8 日，78 岁的伽利略于家中病逝。当年拒绝在伽利略判决书上签字的枢机主教马费奥·巴尔贝里尼的管家霍尔斯特在给朋友的信中写道：“今天传来了伽利略去世的噩耗，这噩耗不仅会传遍佛罗伦萨，而且会传遍全世界。这位天才人物给我们这个世纪增添了光彩，这是几乎所有平凡的哲学家都无法比拟的。现在，嫉妒平息了，这位智者的伟大开始为人所知，他的精神将引领子孙后代去追求真理。"①

想一想

1. 伽利略如何理解哥白尼的宇宙体系？

2. 第谷对于火星的翔实观测，对于开普勒的科学研究起到了什么作用？

3. 开普勒科学思想的特点是什么？

4. 伽利略对自然科学的研究对西方科学发展有何影响？

好书推荐

1. 托马斯·库恩，《哥白尼革命：西方思想发展中的行星天文学》，吴国盛、张东林、李立译，北京大学出版社，2020.

2. 开普勒，《世界的和谐》，张卜天译，北京大学出版社，2011.

3. 伽利略，《关于托勒密和哥白尼两大世界体系的对话》，周煦良等译，北京大学出版社，2006.

拓展与延伸

① 伽利略. 关于两门新科学的对谈[M]. 戈革，译. 北京：北京大学出版社，2016：9.

第七章　牛顿开创的科学时代

扫一扫,看视频

伽利略对哥白尼日心体系的推崇,对落体定律、惯性定律和相对性原理的深度认识,深刻影响着后续天文学和物理学的发展。在他去世后不久,另一个伟人诞生了,他就是艾萨克·牛顿(Isaac Newton,1643—1727)。

第一节　牛顿的生平

牛顿出生于英格兰林肯郡乡下的小村落伍尔索普。牛顿的出生没有给他的家庭带来很多的喜悦,因为他是一个遗腹子、早产儿。迫于生计,牛顿3岁那年,他的母亲改嫁他人,幼小的牛顿基本上是在外祖父母和舅舅的陪伴下长大的。

缺少父母呵护的牛顿表现出异常的孤僻和寡言,他可以独自一人长时间地制作和摆弄一些小玩具,也可以躲在一个角落里看书。12岁那年,继父去世,他回到了母亲身边。继父留给母亲和同母异父弟弟妹妹的除了一笔财富和一座庄园外,还有一间藏书室。牛顿在这间藏书室里见到了有关神学、文学、历史、法律、数学和机械制造等许多图书。

17岁那年,母亲决定让牛顿退学回家务农。但她的这一决定遭到了牛顿舅舅的反对,理由是牛顿的学习成绩不错,将来肯定会有大出息。

1661年6月,牛顿以优异的成绩中学毕业,被推荐到剑桥大学,成为剑桥大学三一学院的减费生。当时的三一学院已有一百多年的历史,以培养神学、法学、医学和数学人才而著称。在这里,牛顿遇到了人生第一位导师——艾萨克·巴罗教授。这是一位博学多才的学者,他独具慧眼,看出了牛顿所具有的深邃的观察力和敏锐的理解力。于是他将自己的数学知识,包括计算曲线图形面积的方法,全部传授给了牛顿,并将牛顿引向了近代自然科学的研究领域。

牛顿

在剑桥大学学习期间,牛顿一边靠为学院做杂务的收入支付学费,一边在巴罗教授的私人图书室里如饥似渴地阅读自然科学著作。在巴罗教授的指导下,他先后学习了笛卡儿的《几何学》和《哲学原理》、开普勒的《光学》、伽利略的《对话》等著作，他还经常参加学院举办的各类讲座，这为他之后从事科学研究打下了坚实的基础。

1665年初，牛顿从剑桥大学顺利毕业，拿到了学士学位，并获得留校工作的机会。然而好景不长，一场鼠疫席卷英国，学校不得不疏散所有的师生以避免鼠疫的传播。牛顿再次回到母亲的庄园，在这里度过了一年半的时光。

正是在这段时间里，牛顿度过了他一生中最富于创造力的阶段。据他晚年回忆，他一生中最重要的思想成果都是在此期间萌生的，如力学定律、万有引力定律、颜色理论以及微积分的思想。他说："那时，我正处于发明初期，比以后任何时期都更多地潜心于数学和哲学。"

1667年，剑桥大学复课，牛顿重新回到三一学院并当选为研究员；1668年，牛顿发明并制作了第一台反射式望远镜，并发现了白光的合成性质；1669年，27岁的牛顿接替他的恩师巴罗教授任"卢卡斯数学讲席教授"①一职；1671年，牛顿制作了第二台反射式望远镜并将之赠送给英国皇家学会；1672年当选为英国皇家学会会员。

牛顿手制的反射望远镜

随着牛顿学术地位的提升，学术上的优先权之争也愈演愈烈。先是罗伯特·胡克与牛顿在关于发现万有引力的优先权问题上争论不休，接着是牛顿与德国人布莱尼兹关于微积分优先权的争论。早在1665年春，牛顿就发现了求切线和求积分之间的互逆关系，1665年秋，牛顿借助运动理念提出"流数"概念。1668年，墨卡托出版了《对数技术》，书中提到可以将级数展开式用于求积分，牛顿得知后，写下《论无穷级数分析》一文，巴罗教授建议将该文公开发表，但牛顿没有同意。1671年，牛顿完成了《论级数与流数法》一书的

① 卢卡斯数学讲席教授(Lucasian Chair of Mathematics)，英国剑桥大学的一个荣誉职位，授予对象为数学及物理相关的研究者，同一时间只授予一人，牛顿、霍金、狄拉克都曾担任此教席。

写作，却放弃了该书的出版。1673 年，莱布尼茨开始了他的微积分研究工作，1676 年，其微积分思想基本成熟，并于 1684 年首次发表微积分论文。纵观科学史，不难发现，牛顿先于莱布尼茨发明微积分原理，但莱布尼茨先于牛顿发表了微积分论文，这项工作应该是他们二人各自独立完成的。他们都对创立微积分原理的工作做出了重要贡献。

罗伯特·胡克

莱布尼兹

1684 年 8 月，英国物理学家埃德蒙·哈雷拜访了牛顿，就引力问题向牛顿请教，牛顿告诉他自己在几年前就已经证明了这个问题，但是现在手稿不见了，不过他可以为哈雷再证明一次。很快牛顿就重新进行了计算，并写了一篇论文，题目是《论轨道上物体的运动》。在这篇论文中，牛顿描述了天上和地上的物体完全遵循同样的运动规律，引力的存在使得行星以及它们的卫星必然沿着椭圆轨道运动。

埃德蒙·哈雷

哈雷看到这篇论文后，激动不已，认为这项工作意义非凡，具有划时代的价值。于是他鼓励牛顿将论文扩充为专著出版，同时他将在皇家学会进行登记，保证牛顿的学术优先权。18 个月后牛顿完成了《自然哲学之数学原理》（简称《原理》），该书于 1687 年 7 月正式出版。

《原理》的出版在欧洲学术界引起了强烈反响。牛顿一跃成为当时欧洲最负盛名的数学家、天文学家和自然哲学家。随着学术地位的提升，他的社会地位也达到了前所未有的高度。

1687 年初，作为剑桥大学的代表之一，牛顿到国会就剑桥大学的特权问题与詹姆斯二世国王进行辩论；1689 年，牛顿代表剑桥大学当选为国会议员。1690 年国会解散，牛顿回到了剑桥。随后几年他一直致力于《圣经》的研究和诠释。

1695 年，牛顿被任命为造币厂督办；1699 年，被任命为造币厂负责人；1699 年，当选为法兰西科学院国外院士；1701 年，辞去三一学院研究员和“卢卡斯数学讲席教授”职位，再次当选为国会议员；1703 年，当选为英国皇家学会会长，此后年年连选连任，直到去世；1705 年，获封为爵士。

剑桥大学的牛顿雕像

1727年,牛顿在主持一次皇家学会的会议时突然得病,于两周后去世,享年85岁。英国王室为他在威斯敏斯特教堂进行了国葬。

牛顿终身未娶,他将自己的一切献给了人类的科学事业。

英国威斯敏斯特教堂牛顿纪念碑

第二节　牛顿对力学的贡献

牛顿《原理》一书的编排与古希腊哲学家欧几里得的《几何原本》相仿，写作形式沿用公理化体系并运用几何学手段进行论证。引入数学工具时用“引理”，论述物理问题时用“命题”“定理”，进一步举例和说明时用“附注”。牛顿在此书中建立了一个完备自洽的物理学体系。

《自然哲学之数学原理》

《原理》初版用拉丁文写成。首先给出了各物理量的定义（相当于给后面的内容“立法”）。

第一个定义：物质的量是物质的度量，可由其密度和体积共同求出。牛顿认为物体在运动过程中体积与密度的乘积总是不变的，这就是物质的量。这个量正比于重量，以后不论在何处提到物体或质量，指的就是这个“量”。

第二个定义：运动的量是运动的度量，可由速度和物质的量共同求出。这个运动的量就是动量，也就是对惯性质量的定义。

第三个定义：物体固有的力，是一种起抵抗作用的力，它存在于每一个物体当中，大小与该物体相当，并使之保持现有的状态，或是静止，或是匀速直线运动。这就是对惯性的定义（伽利略已经知道物体的这一属性）。

第四个定义：外力是一种对物体的推动作用，使其改变静止的或匀速直线运动的状态。这种力只存在于物体相互作用之时，作用消失力就消失。

第五个定义：向心力使物体受到指向一个中心点的吸引或推斥或任何倾向于该点的作用。这是对向心力的定义。

第六至第八个定义介绍了与向心力有关的三种度量：绝对度量、加速度度量和运动度量。

牛顿是第一个精确使用这些概念的人。

牛顿在定义了这些基本术语之后，认为绝对空间和绝对时间是客观存在的、与运动和物质无关的东西。物体就在这空虚的绝对空间之内，就在这均匀流逝的绝对时间之中，永恒地运动着。

为了描述物体的运动，牛顿设置了参考系，他特别偏爱其中的“惯性系”，他认为自己建立的力学定律，在惯性系中成立。他定义的惯性系为相对于绝对空间静止或做匀速直线运动的参考系。

牛顿继承了伽利略的“相对性原理”，认为物理规律在所有的惯性系中都相同。为了建立惯性系之间的数学联系，他采用了“平行四边形法则”来作为“迭加原理”。后来物理学家恩斯特·马赫指出，迭加原理实际上是一条独立的公理。

牛顿认为，所有的匀速直线运动都是相对的，我们不可能通过速度来感知绝对空间的存在。但是，牛顿断言，转动是绝对的，或者说加速运动是绝对的。

为了说明他的绝对时空观，牛顿设计了著名的水桶实验：

一个装有水的桶，最初桶和水都静止，水面是平的(图 a)。然后让桶以角速度 ω 转动，刚开始时，水未被桶带动，这时候，桶转水不转，水面仍是平的(图 b)。不久，水渐渐被桶带动而旋转，直到与桶一起以角速度 ω 转动，此时水面呈凹形(图 c)。最后，使桶突然静止，水仍以角速度 ω 转动，水面仍是凹形的(图 d)。

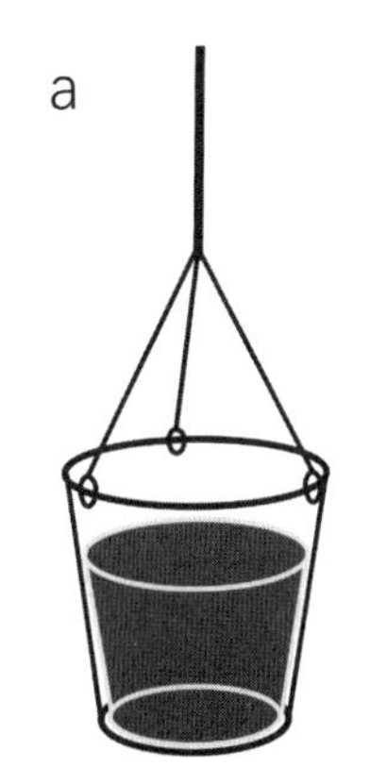

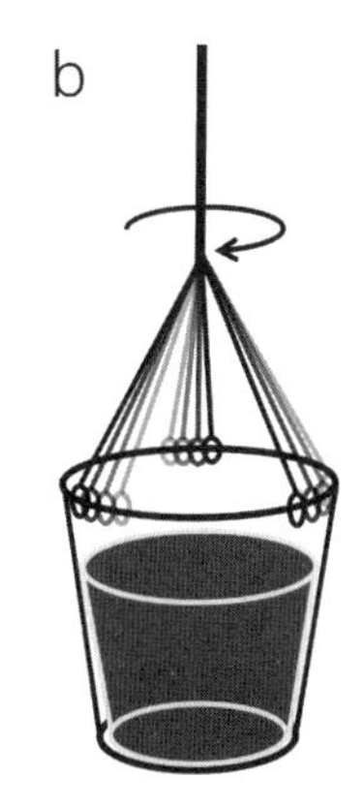

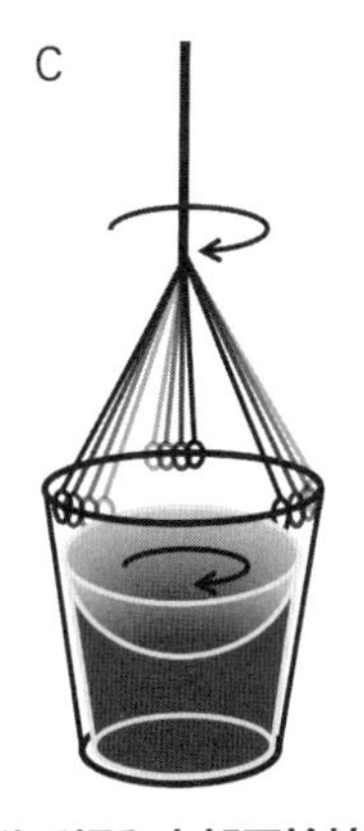

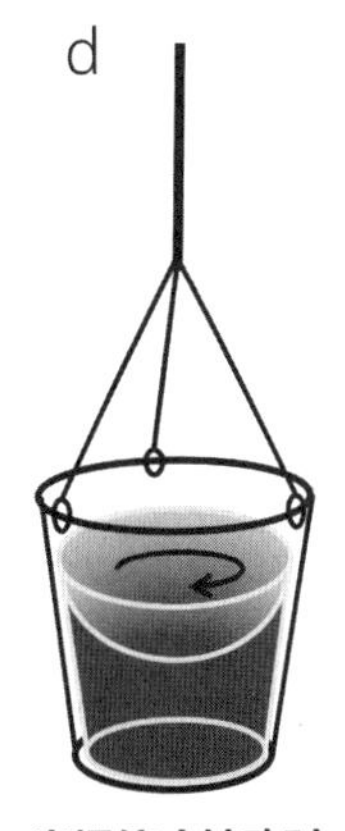

牛顿的水桶实验

显然，水面的形状与水和桶的相对转动无关。水面呈凹形是受到惯性离心力的结果。

牛顿认为，这与绝对空间有关。惯性离心力产生于水对绝对空间的转动。同时牛顿指出，转动是绝对的，只有相对于绝对空间的转动才是真转动，才会产生惯性离心力。

推而广之，加速运动是绝对的，只有相对于绝对空间的加速才是真加速，才会产生惯性力。通过水桶实验，牛顿论证了绝对空间的存在。

20 世纪物理学与牛顿物理学的根本决裂就在于抛弃了这些绝对的、独立的空间和时间概念。

接下来介绍牛顿著名的力学三大定律。

首先，牛顿继承了伽利略和笛卡儿的思想，认为力不是维持物体运动的原因，而是改变物体运动状态的原因。他给出第一定律即惯性定律：每个物体都保持静止或匀速直线运动的状态，除非有外力作用于它迫使它改变这种状态。

接着，他给出第二定律，说明力、质量和运动之间的定量关系：运动的变化正比于它所受的外力，变化的方向沿外力作用的直线方向。

第三定律则指出：每一种作用都有一个相等的反作用；或者两个物体间的作用力和反作用力大小相等，方向相反，作用在一条直线上。

其中第三定律是牛顿的真正发现。

这三条定律是经典力学的基础。后来，拉格朗日、哈密顿等人对经典力学进行形式上的改造，大规模应用微积分，排斥初等几何，力学被写成了更高级的形式，但物理的实质内容没有超出牛顿的框架。

万有引力的发现过程曲折而复杂。按照伽利略的实验思想，不是维持一个物体的匀速直线运动而是改变这种运动才需要一个外力。那么是什么力改变月球和行星的运动？牛顿认为月球和其他行星的轨道运动是抛射体运动的一种极限情形：

> 一块被抛射出去的石头由于自身的重量而不得不偏离直线路径，在空中划出一条曲线；最后落到地面。抛射的初速度越大，石块落地之前行经的路程就越远。因此我们可以设想，随着抛射体初速度的增加，石块落地之前在空中划出的弧长越长，直到最后越出地球的界限，它就可以完全不接触地球在空中飞翔。[①]

那么地面上使苹果落地的力和维持月球在其闭合轨道上运动的力是不是同一种力呢？它们之间有没有关系？为了检验这种关系，牛顿必须深入了解重力随着与地球距离的增加而减少的规律，然后根据这一规律和所测得的地球表面上物体的加速度，来计算月球轨道处的重力加速度有多大；这里假设月球的轨道是一个以地球为圆心的圆，计算月球的实际向心加速度是多少；然后比较二者的加速度在数值上是否相等。

起初的计算结果并不理想，牛顿对此非常失望。原因何在呢？是采用了较小的地球半径数值吗？地球和被吸引物体之间的有效距离究竟是从地面还是从地心算起？能把地球这个大球体的引力看作只是从地心发出的吗？这些问题没有解决，引力问题就无法继续研究下去。也许还有另外一个原因——等待数学工具微积分的创立。

牛顿创立的微积分使他能够证明：一个所有与球心等距离的点上密度都相等的球体在吸引一个外部质点时，其全部质量都集中在球心。

除了以上内容外，《原理》还有三编，第一编共有 14 章。

第 1 章是数学准备，主要引入极限概念、求极限的方法、求曲线包围的面积以及求曲线切线的方法。

第 2 章讨论向心力的问题，由开普勒第三定律和惠更斯向心力定律得到引力的平方反比关系；附注中写道："如果椭圆的中心被移到无限远处，它就变为抛物线，物体将沿抛物线运动，力将指向无限远处的中心，变成一个常数，这正是伽利略的定理。"如下图所示，

---

① NEWTON I. Mathematical principles of natural philosophy [M]. Oakland: University of California Press, 1946: 551.

通过改变截面，圆锥曲线可由圆、椭圆、抛物线变化到双曲线。

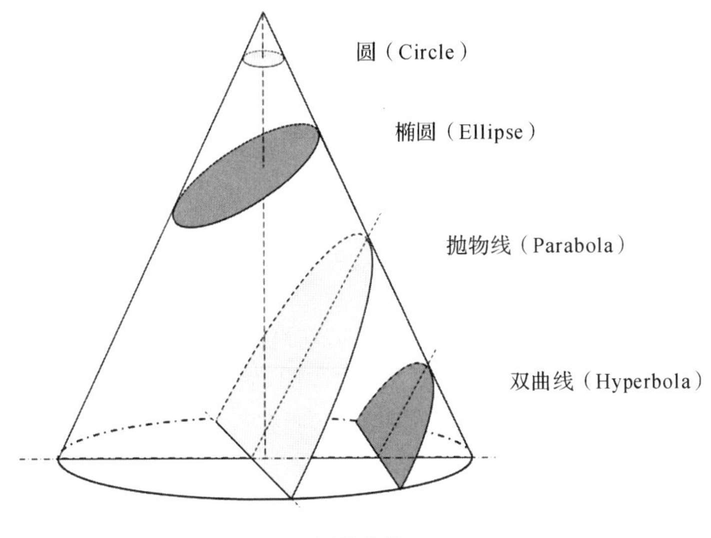

圆锥曲线

第 3 章讨论物体如何在偏心的圆锥曲线上运动。

第 4 章讨论由已知焦点求椭圆、抛物线和双曲线运动轨迹。

第 5 章讨论如何在不知道焦点的情况下求出运动物体的轨迹方程。

第 6 章讨论在已知轨道上物体运动的位置。

第 7 章讨论物体沿直线上抛或者自由下落的运动情况。

第 8 章讨论在有心力的作用下物体运动的速度、时间以及物体所处的位置。

第 9 章讨论在有心力的作用下物体运动回归点的位置。

第 10 章讨论物体在给定的平面上绕固定点(轴)做往复运动的时间、速度以及位置。

第 11 章讨论在有心力的作用下物体相互吸引的运动。

第 12 章讨论的是球体的吸引力，万有引力定律的文字表述在这一章第一次出现，但牛顿强调的是数学推理，并没有给出更多的物理学阐释。

第 13 章讨论的是非球体的吸引力，即将第 12 章得到的引力规律进一步推广到非球形物体上。

第 14 章讨论的是受指向极大物体各部分的向心力推动的极小物体的运动。牛顿认为，光的本质是极其微小的粒子，这些微粒受力学规律的支配。这里的极大物体指的是具有平行平面的光学介质，极小物体指的是光线。

《原理》第二编共有 9 章。

这部分主要讨论物体在阻滞介质中的运动规律。牛顿用几何方法讨论了阻力与物体运动速度的关系以及弹性流体中的波动和波的传播速度，并进一步计算声音在空气中的传播速度。牛顿否定了笛卡儿的漩涡理论，他认为，行星的运动并非由物质漩涡所携带，因为，根据哥白尼的假设，行星沿椭圆轨道绕太阳运行，太阳在其公共焦点上，由行星指向太阳的半径所掠过的面积正比于时间。但漩涡的各部分绝不可能做这样的运动。

《原理》第三编用数学方法论述宇宙体系。这一部分没有按照章节进行讨论，而是通过一个个命题展开讨论，重要的命题后面都有附注或总结。

牛顿证明了太阳系中的各天体是按照哥白尼学说和开普勒定律运动，天体的轨道取决于相互之间的引力。他从理论上推算了地球赤道部分隆起的程度，并指明月球和太阳引力对地球赤道隆起部分的吸引是产生岁差的原因。他还从数值上对月球运动的各种差项作了计算。

此外，牛顿还研究了太阳作为摄动天体对月球绕地球运动的影响，为解释岁差和潮汐现象奠定了理论基础；还完美地解决了一个广延物体的万有引力如何取决于它的形状的问题。

《原理》无疑是科学史上最伟大的著作之一，在对当代和后代思想的影响上，没有其他作品可以和《原理》相媲美。自问世后的 200 多年间，它一直是全部天文学和宇宙学思想的基础。天体的运行、潮水的涨落和彗星的出现，所有这一切都可以用同一的力学规律来解释。

《原理》一书的影响已经超出了天文学和物理学的范畴。在社会、经济、思想等各个领域中，人们希望仿照牛顿力学的原则，通过对现象的观测得出若干原理，再运用数学手段来解答所有的问题。事实或许不如所愿，但在牛顿开创的这个理性时代，人们确实体会到了一种前所未有的智力自信。

第三节　牛顿对光学的贡献

光是最重要的一种自然现象，与人类的生活密切相关。从古希腊开始人们对于光现象就产生了浓厚的兴趣，欧几里得在著作《光学》中描述了光的直线传播和反射定律，托勒密在其著作中描述了入射角和折射角的比例关系，而最早对光的本质进行科学研究的当属笛卡儿、胡克和惠更斯。他们认为光是一种波动，是以太的弹性振动。1690 年，惠更斯在《惠更斯光论》一书中正式提出光的波动说，建立了著名的惠更斯原理。牛顿对于光学的最大贡献莫过于精确地进行了光的色散实验。

当牛顿还是剑桥大学三一学院的一名学生时，他跟随巴罗教授系统学习了光学知识，巴罗教授精彩的授课方式吸引了牛顿，他开始进一步学习前辈们的研究成果。开普勒的《屈光学》就是其中之一，这本著作于 1611 年出版，主要论述了折射角正比于入射角，当入射角趋近于零时等价于正确的折射定律，据此开普勒给出了透镜和折射望远镜性能的一个正确解释。这一年还有另一本光学著作——《视觉范围和光度》问世，作者是安东尼奥·德·多明尼斯，该书对虹与霓进行了正确解释，也许这引起了牛顿对于大气光学的兴趣。1637 年出版的《关于科学中正确运用理性和追求真理的方法论的谈话，进而关于这一方法的论文：屈光学、气象学、几何学》，是著名哲学家、科学家、数学家笛卡儿的论著，笛卡儿在“屈光学”部分提出了折射定律，在“气象学”部分阐述了与天气有关的自然现象，提出了虹的形成原理。正是对这些科学著作的学习为牛顿后来从事光学研究打下了基础。

安东尼奥

笛卡儿

早在1663年，牛顿就对望远镜的结构和性能产生了兴趣，他从磨制透镜并组装望远镜开始，研究思考光的本性问题。1666年1月他购买了一块玻璃棱镜，开始观察颜色现象，他在记录中这样写道：把我的房间弄暗，在窗板上钻一个小孔，让适当的日光进来。我再把棱镜放在日光入口处，于是日光被折射到对面墙上。当我看到由此而产生的鲜艳又强烈的色彩时，我起先真感到是一件赏心悦目的乐事；可是当我过一会儿再更仔细观察时，我感到吃惊，它们竟呈长椭圆的形状；按照公认的折射定律，我曾预期它们是圆形的①。

牛顿对他的发现思考了各种可能的解释，做了各种实验。最后他得出结论：日光及一般的白光都是由每种颜色的光线组成，这些颜色就是这种光的原始的性质，而不是棱镜造成的。什么样的颜色永远属于什么样的可折射度，而什么样的可折射度也永远属于什么样的颜色。

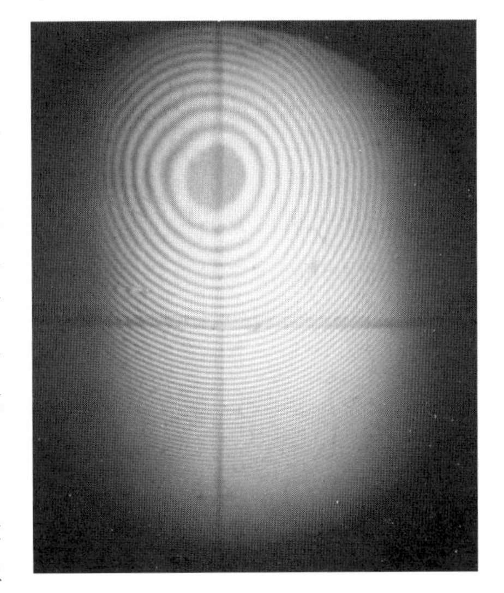

牛顿环

牛顿对于光学的研究历经20多年，积累了大量的实验数据和研究成果，遗憾的是1692年2月的一天，牛顿去教堂后他的住所着火了，他的文稿被烧毁，其中包括关于光学研究的资料，直到1704年《牛顿光学》一书才得以面世。《牛顿光学》在1717年、1721年和1730年进行了再版。1730年的这一版是牛顿留给世界的最后版本。1987年，为了纪念《自然哲学之数学原理》出版300周年，我国学者周岳明、舒幼生、邢峰、熊汉富和徐克明共同完成了《牛顿光学》的翻译工作。中译本是根据1931年第四次修订版译出，译者克服了语法修辞、专业术语等方面的重重困难，将《牛顿光学》一书第一次介绍

① 牛顿.牛顿光学[M].周岳明，等译.北京：北京大学出版社，2011：4.

给国内的读者，这项工作对于我们了解牛顿在光学研究方面的成果有着重要的意义。

《牛顿光学》共有三编，在第一编里牛顿写道："我的计划不是用假设来解释光的性质，而是用推理和实验来提出和证明它们。为此，我将先讲定义和公理。"这一编共有定义8个、公理8个、命题19个、定理11个、问题8个。内容包括有关光谱的一些基本实验；解释了折射望远镜的色差；结论是色差不可能纠正。主张放弃折射望远镜，采用反射望远镜；把各种颜色的光合成为白光；用实验考察了物体颜色的成因等。

第二编研讨薄膜的颜色。主要是关于透明物体的反射、折射和对颜色的观察，其中心论题是被称为"牛顿环"的现象。包含观察37项、命题20个、定义1个。

第三编是"关于光线的折射以及由此产生的颜色的观察"，并研讨了格里马尔迪发现的衍射现象。这一编共有观察11项、疑问31项。提出了各种解释光现象和引力的假说，并指出了进一步探索的路线。

第四节　牛顿创立的万有引力定律及其验证

在《自然哲学之数学原理》一书中，牛顿用了大篇幅讨论了彗星的运行情况。当时的科学家认为，彗星位于月球以外，因为看不到它们的日视差，而其年视差表明它们落入行星区域。牛顿对此也很感兴趣，他想知道彗星的运行轨道是否也是椭圆形的。于是他根据1682年自己目睹的彗星在天空中的多次视位置推算出了彗星的运行轨道，结果是彗星的运行轨道是一个很扁的椭圆。此时的哈雷对彗星也很感兴趣，于是在牛顿的建议下，哈雷开始系统地对彗星进行研究。他整理了从1337年到1698年出现过的24颗彗星，并认真观测了1682年出现的彗星，到了1705年，他发现1682年出现的彗星与1531年和1607年出现的彗星很相似，而出现的时间间隔平均都是76年(实际周期因受到行星摄动有所不同)。哈雷对这3颗彗星的观测数据进行了研究，假定它们是同一颗彗星，用万有引力定律和观测数据进行了计算，结果表明，彗星的运行轨道确实比其他行星的要扁得多。哈雷在当年的《哲学学报》上发表了自己的这一研究成果，并且预言，这颗彗星将会在1758年再次出现。

虽然哈雷没有等到1758年便去世了，但彗星确实在这一年出现了。于是人们将这颗彗星命名为"哈雷彗星"，而这项工作也成为对万有引力定律的有力证明。

威廉·赫歇尔

对于万有引力定律的另一个证明来自对天王星运行轨道的观测。

在望远镜发明之前，人们仅知道水星、木星、金星、火星和土星这五大行星。1781年，"恒星天文学之父"威廉·赫歇尔借助望远镜发现了天王星，这一发现在科学界引起了极大的轰动。天文学家曾经以为在牛顿之后不会再有什么新发现了。赫歇尔的发现像一股新鲜空气，告诉人们天空中还有未知的东西。这一年赫歇尔被选为英国皇家天文学会会员，并成为乔治三世国王的私人天文学家。

这项工作不仅给威廉·赫歇尔带来诸多殊荣，而且也引起了人们对天文观测的热情。科学家发现天王星的实际运行轨道与万有引力定律计算的结果不符，即使计入土星和木星对它产生的影响，也不能消除观测与理论的差异，难道是牛顿的万有引力定律有问题？当时有两位年轻人对此也很感兴趣，他们都认为有一颗未知行星对天王星的运行轨道产生了摄动，他们利用万有引力定律，各自独立地进行了烦冗的计算。英国的约翰·库奇·亚当斯于1845年9月首先完成了计算，他把计算结果寄给当时的英国皇家天文学会会长乔治·艾黎，希望通过天文观测寻找这颗未知行星。可惜艾黎并没有重视亚当斯的工作，而是将亚当斯的报告束之高阁。1846年8月，法国的勒威耶发表了自己的推算结果，并把这一结果寄给了柏林的天文学家约翰·格弗里思·迦勒。迦勒在接到信的当天晚上，即9月23日，在勒威耶给定的方向上果然找到了那颗星。艾黎看到勒威耶发表的推算结果后，想起了亚当斯的工作，他重新找回了亚当斯的计算结果，果然也在亚当斯指定的位置看到了这颗新星。

海王星的发现，再次验证了万有引力定律的正确性。

牛顿的科学思维方法是他贡献给人类的宝贵精神财富。他通过奠定力学自身的公理基础将力学确立为一门独立的科学，阐明了如何将力学应用到自然科学各个领域，通过使力学与理论天文学相联系，确立了地上和天上物理学的明确综合，为光学的理论和实践开拓了新的方向，为机械论的自然科学概念赋予了新的意义。

可以说牛顿为整个自然科学领域开创了新的前景。

想一想

1. 牛顿的时空观是什么？
2. 开普勒三定律与牛顿万有引力定律有何关系？
3. 哪些实验证明了万有引力定律的正确性？
4. 实证思想对科学研究产生了什么影响？

好书推荐

1. 牛顿，《自然哲学之数学原理》，王克迪译，北京大学出版社，2018.
2. 弗·卡约里，《物理学史》，戴念祖译，广西师范大学出版社，2002.
3. 赵峥，《物理学与人类文明十六讲》，高等教育出版社，2008.

拓展与延伸

第八章　18世纪的科学技术成就

扫一扫，看视频

历史学家常常把18世纪初至19世纪下半叶这段时间称作“工业革命”时期，由于物质进步与社会动荡，这一时期产生了许多激动人心的社会变革。海外贸易不断扩张，新的市场不断出现，新的发明层出不穷，成功的发明家们在不断变革的社会为其提供的限度内工作。其中英国通过对海洋的控制，实现了对外扩展市场的目的。再加上英国坚挺的货币、有效的银行系统、稳定的政治和社会环境、丰富的矿产资源、适合纺织制造的湿润气候，以及全社会对科学技术的兴趣和对实用性的追求，许多重要的技术变革得到了推动。

第一节　蒸汽机的发明与工业革命的诞生

早在1世纪，希腊工程师希罗就已经认识到可以将蒸汽的动力转化为运动。当时蒸汽动力还不能用于生产，只能用来驱动门户和神像的转动。1500多年之后，蒸汽的动力重新被人们所认识，工业发展对其提出了更多需求。

在18世纪，没有一座工厂可以建在远离河流的地方，而且水流必须湍急到有足够的能量来驱动机器。狭窄的山谷里往往工厂林立，在那里筑起的水坝，形成了终年不断的人工水位落差。因此，对于整个18世纪的英国工业来说，山脉中的山谷都是非常重要的，只要水还是机器的主要动力来源，这种状况就一直持续着。但是，在英格兰的其他大部分地区，水流比较缓慢，唯一切实可行的办法就是利用泵把水提升到水库所在的高度。正是满足泵水的需要，第一批蒸汽机才投入使用。

有几位早期的发明家曾设想用火药的爆炸力作为一种动力来源，这一方法通常是利用火药爆炸来产生真空，从而可以从大气的压力中获得动力。惠更斯在1680年就提出过一种火药爆炸产生蒸汽的形式：爆炸发生在气缸内一个活塞的下面，该活塞由平衡锤提升到一个较高的位置，几乎所有的爆炸气体都通过自动的释放阀门溢出，随着残留的部分气体的冷却，空气的压力会迫使活塞下降，这样就可以提起重物。惠更斯有一位助手叫丹尼斯·帕潘，在实验过程中为了防止爆炸，他设计了安全阀。帕潘意识到爆炸后气缸中的气体残留会使活塞的下面无法达到满意的真空度，他还发现了使用某些不会有残留物的物质的必要性。

惠更斯

帕潘

1690 年，帕潘开始思考如何利用蒸汽产生动力。他写道："因为这是水的一种特性，即加热少量的水使其转变为水蒸气，它会具有一种像空气一样的弹性力，但是一旦冷却，它又会重新还原为水，所以没有一丝一毫的所谓弹性力的残留。我断定只要用水，在不太剧烈的热的帮助下，花上很少的费用就可以构造出机器，从而产生用火药不可能获得的完全真空。"①

值得一提的是，帕潘还发明了历史上第一个"高压锅"，或者叫"蒸煮锅"。

在那些日子里，人们最需要的设备不是"高压锅"，而是抽水设备。在众多关注这一问题的人中，有一位名为托马斯·萨弗里的军事工程师，他是一位多产的发明家和实用蒸汽泵的首位制造者。蒸汽泵的原理是：在一密闭容器中，由于蒸汽的冷凝能使水位升高到大气压力所允许的最大高度，保留住水并对它施加安全范围之内的最高蒸汽压力，驱使水位

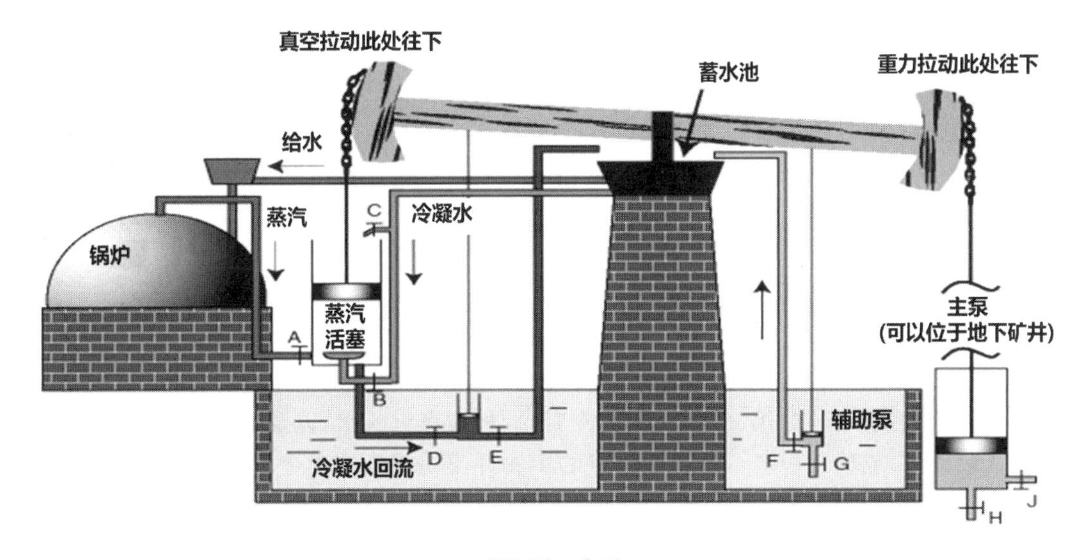

蒸汽泵工作图

① 辛格. 技术史·第Ⅳ卷·工业革命[M]. 辛元欧，刘岳，译. 北京：中国工人出版社，2021：192-196.

升得更高。在实际操作中，他采用了两只容器。当其中一只在重新充水时，另一只在排水。萨弗里在1698年取得的主专利是一种靠火的推动力提升水位从而为各种机械制造厂提供动力的新发明，对于矿井中的排水、城镇中的供水以及位于既没有水力也没有恒定风力的地区的各类工厂的运作都起到了积极的作用。他曾在1702年的专利说明中写道："虽然我的思想长期关注于供水系统，但如果我不是满意地发现这一新兴的动力来源比以往所用的各种动力都更强大、更廉价的话，我还绝不会想到要发明任何这类机器。但当发现了这类靠火力的抽真空作用，考虑到采矿工和煤矿工人经常在无序的状态下劳作的艰辛和一般水力发动机的笨重，这些都激励着我去发明这一采用新动力工作的发动机。"①

纽可门的发明与萨弗里的发明几乎是同期进行的。

纽可门是一位铁制工具的经销商，他虽然没有萨弗里所拥有的知识，但他由于工作的需要，经常采购锡矿。他发现英国的锡矿存在的最大问题就是用马拉抽水的成本很高，效率却很低。于是他与管子工卡利合作，共同发明了最早的蒸汽机，以满足当时对机动水泵的紧迫需要。到了1725年，纽可门蒸汽机已全面用于抽水，尤其是在矿山中抽水，同时也用于通过水车来驱动器械。

随着蒸汽机发明专利期满，蒸汽机的应用传播更加迅速，在欧洲大陆的工业生产中，尤其是深矿开采过程中发挥了巨大的作用，成为开发矿业资源的主要推动因素，并由此奠定了英国工业革命的基础。

纽可门蒸汽机虽然得到普遍使用，但在工作时会消耗大量的煤，而且工作效率并不是很高。

1763年，瓦特应邀修理格拉斯哥大学的一具纽可门式蒸汽机模型。他想知道纽可门蒸汽机以多快的速度用完蒸汽。他发现，为了冷凝蒸汽和形成真空，纽可门蒸汽机的工作汽缸必须冷却到水的沸点以下，一个冲程过后，又再次充满蒸汽时，因为汽缸已经冷却，就需要大量的蒸汽来加热汽缸，从而导致了燃料的巨大损耗。虽然瓦特成功修复了蒸汽机，但是他对所产生的蒸汽量之大和工作汽缸尺寸之小感到吃惊。

瓦特

瓦特在格拉斯哥大学虽然只是一名工匠，但仍有机会与当时世界上一流的潜热研究专家约瑟夫·布莱克教授一起讨论蒸汽性质问题。据说在一次散步中，瓦特突然悟到了纽可门蒸汽机效率低下的原因所在。用瓦特自己的话说："为了最佳地利用蒸汽，我觉察到，第一，汽缸应该一直保持与进入的蒸汽一样热；第二，当蒸汽被冷凝时，构成蒸汽的水，以及喷射水本身，应冷却到100摄氏度，或稍低一些。做到这两点的想法并不是现在突然才冒出来的，早在1765年我便发现，假如装有蒸汽的汽缸与另一只已被抽空空气和其他液体的容器之间连通的话，蒸汽作为一种弹性流体，将立即冲入空的容器，一直到建立一种平衡，但假如该容器被喷射水或用其他方法保持极低的温度，更多的蒸汽将继续进入，直到所有蒸汽都被冷凝。"②

---

① 同上：196-197.

② 同上：209.

瓦特按照自己的思路继续钻研两年之后，终于想出了一个解决办法。他采用了一个能将蒸汽引入的第二室，叫作冷凝室。冷凝室持续保持冷却，工作汽缸一直保持高热。据此造出的一具实验模型，工作性能良好。

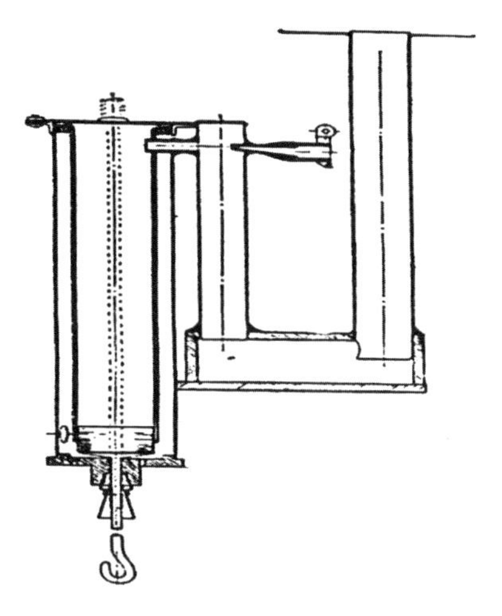

瓦特改造的模型

1769 年，瓦特制造出了高效率的蒸汽机。这台蒸汽机由于消除了每一个循环中因加热蒸汽室而造成的长时间停顿，所以做功更快。布莱克教授对此印象深刻，他将瓦特介绍给了约翰·罗巴克。罗巴克是一位有进取心的工业家，对煤矿的排水系统感兴趣。罗巴克建议瓦特申请一项专利。于是瓦特在 1769 年被授予了他的历史性专利——“在火力发动机中减少蒸汽和燃料消耗的新方法”。其中的实质性要点是采用了分离冷凝器。罗巴克承担了之前支出的所有费用，于是罗巴克作为合伙人参与进来，并对专利享有 2/3 的份额。

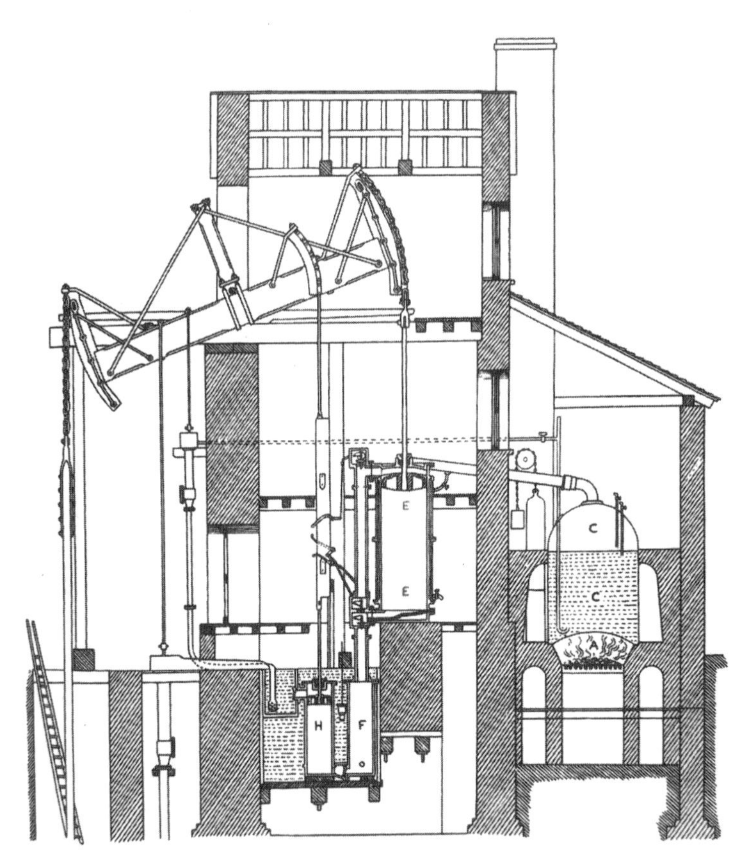

瓦特制造的高效率蒸汽机

1773 年，罗巴克破产，制造商马修·博尔顿接收了罗巴克在专利中的份额，以抵偿罗巴克欠他的债务。瓦特从此开始与博尔顿合作制造蒸汽机。

博尔顿是一位精明能干的企业家，他预见蒸汽机的应用前景不可限量。因此，他一方面鼓励瓦特继续研究开发蒸汽机，另一方面建议瓦特申请延长专利期限，以保障他们获取更多的利润。1774 年瓦特写道："我所发明的火力发动机现在正取得进展，保证比任何已经建造的都要好得多。"至此，瓦特与博尔顿的合伙关系也进入了一个全盛时期。

博尔顿作为一个好的商业合伙人，使得瓦特没有像别的发明家那样在为别人的财富奠定基础之后自己却穷困潦倒。瓦特基本上不用操心商业上的事务，而只要专心于改良他的蒸汽机。他的许多改进措施对后人都有启发作用。

1781 年，瓦特又发明了一些附加装置，巧妙地使活塞的往返运动转变为轮子的旋转运动。1782 年，瓦特获得了两项非常重要的改进专利。第一项是使蒸汽机成为双作用式，即利用同样的气缸容积产生双倍的动力；第二项是利用蒸汽的膨胀性，只在每一冲程的开始阶段接纳蒸汽进入气缸，此后就由它的膨胀力驱动活塞。这样蒸汽机的动力可以更加灵活地被用于各种目的。

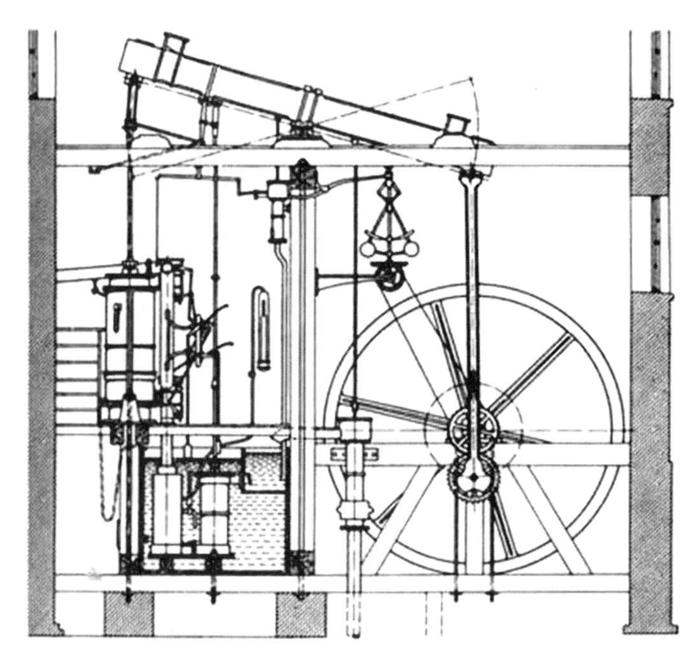

瓦特改进的蒸汽机

瓦特的蒸汽机如此优越，以至于人们几乎遗忘了纽可门蒸汽机的存在。到了 1790 年，瓦特的蒸汽机完全取代了老式的纽可门蒸汽机。瓦特开始被看作蒸汽机的发明者。

瓦特还在测定蒸汽机做功的效率方面下了很大的功夫。

1783 年，瓦特对一匹强壮的马做试验，确立它能在一分钟内将 3.3 万磅(约 14968.5 公斤)的重物提升 1 英尺(约 0.3 米)的功率，因此他将每马力规定为 550 英尺·磅力/秒(约 76 千克力·米/秒)。

为了纪念这位苏格兰工程师，功率的国际单位用瓦特的名字命名。1800 年瓦特退休之后，接受了格拉斯哥大学授予他的名誉博士学位，并被选入英国皇家学会，但他拒绝了男爵爵位。

18 世纪的工业革命标志着基于科学的切实可行的技术的出现，这些技术是由如纽可门、瓦特等这样的新型工程师创造的；但好的技术发明也需要推广、投资和营销，只有在资金投入和营销两方面进行努力，才能把发明变成真正的创新。

18 世纪的下半叶，英国的经济状况空前良好，国家拥有充足的资金、娴熟的劳动力、较为完善的基础设施。此时的专利法切实可行，任何不劳而获的成果剽窃变得几乎不可能。这造就了既有能力又愿意大规模投资新机器的企业家，从而把技术发明变成了大规模的经济创新。

随着工业革命的稳步推进，以蒸汽机为动力的机械化劳动带来了工厂内的大规模生产。工业革命又进一步推动了科学研究，对蒸汽机原理的研究，使得热力学的建立成为可能。纺织业的大规模生产需要新的化学品来染色，这就催生了化学工业，化学工业的发展又进一步推动了农业和医药市场的发展。

科学技术从古希腊到希腊化时期经历了从繁荣到衰落的演变，但这一模式在 17 世纪被打破，成为线性发展模式。到了 18 世纪，随着工业革命的到来，这种模式得到持续发展，这在很大程度上应该归功于科学。

第二节　启蒙运动与科学精神的传播

启蒙运动诞生于 17 世纪的英国，其宗旨是："启蒙"人民，引导他们为自己的合法权益而斗争，尽力谋求思想和言论的自由，反对任何剥削和压迫。

以自由经济为背景的英国自由主义和自由科学思想传入法国后，与法国的理性精神和当时的社会形势不谋而合。在这场运动中，一大批活跃在各个领域的哲学家、作家、艺术家、政治思想家、法学家和科学家们，对封建主义思想和宗教进行了科学的批判。代表性的人物有伏尔泰、狄德罗、达朗贝尔、孟德斯鸠、卢梭、霍尔巴赫等。

伏尔泰

启蒙运动从英国传播到法国，又传播到德国和其他国家。在这一过程中伏尔泰起到了极大的作用。伏尔泰(François-Maire Arouet，1694—1778)，出生在巴黎一个富裕的中产阶级家庭，在巴黎耶稣会和路易大帝高中接受教育。中学毕业后，父亲希望他子承父业，将来成为一名法官。但是，伏尔泰只希望做个诗人。在高中时期，伏尔泰便掌握了拉丁文和希腊文，后来自学了意大利语、西班牙语和英语。后因写诗讽刺当时摄政王奥尔良公爵被投入巴士底狱。在狱中，伏尔泰完成了他的第一部剧作，在这部作品中，他首次将"伏尔泰"作为笔名。

1726 年，伏尔泰再次遭到诬告，并被驱逐出境，流亡英国。伏尔泰在英国的流亡却开启了他人生的一个新时期。他在英国居住的三年期间，详细考察了君主立宪的政治制度和当地的社会习俗，深入研究了英国的唯物主义经验论和牛顿的物理学新成果，形成了反对封建专制主义的政治主张和自然神论的哲学观点。他结交了一些学术界的朋友，并目睹了牛顿葬礼的盛大场面。回法国后他极力宣传牛顿的理论，在 1737 年为牛顿的《自然哲学之数学原理》写了一篇评论，并请他的女友夏特莱夫人将牛顿的《自然哲学之数学原理》翻译成法文。伏尔泰更加有效地使牛顿的学说在非科学家中间传播开来。他宣扬宽容，同压迫进行了持久而有效的斗争，以致有人认为 18 世纪是“伏尔泰时代”。

18 世纪，拉丁语迅速被各国国语所取代。整个著作家队伍将普及科学知识作为自己的使命，对启蒙运动起到了积极的推动作用。其中《百科全书》的编纂是传播知识的重要手段和最有效的方法。今天人们公认，18 世纪出版的著作中，最有影响力的是法国的《百科全书》。

1746 年，狄德罗（Denis Diderot，1713—1784）被委以规划一部新的《百科全书》的任务。这是一部集科学、艺术和工艺详解于一体的巨著，主编是法国启蒙思想家、哲学家狄德罗和物理学家、数学家、天文学家达朗贝尔；词条撰写人有伏尔泰、卢梭、布丰、霍尔巴赫、孟德斯鸠等，狄德罗是最多产的撰稿人和编者。

狄德罗

启蒙运动者们对于技术在人类知识领域中的重要作用，给予了很高的评价，强调技术的重要性。《百科全书》将 16—17 世纪及 18 世纪前半叶所有的科学技术成果系统地汇编起来，其中包含翻译出版的大量化学和矿物学方面的著作。尤其是将燃素说的代表人物施塔尔的著作译成了法文版，使以往一般群众无法直接获得的知识得到了广泛的普及，极大地推动了科学和技术的综合发展。启蒙运动者们依据英国唯物主义者，特别是约翰·洛克的“自由主义”和牛顿的哲学，修正了 17 世纪哲学家们的旧哲学体系，对抽象的哲学体系进行了批判。

启蒙运动者们直接向封建制度和传统思想体系发起了猛烈的攻击。科学成为启蒙运动者们关注的中心，他们大力宣扬科学思想，并希望借助于科学来解决政治和社会问题，甚至要求艺术也服从于科学。在这场运动中，他们赢得了学术界的领导地位，同时影响了政治领域，甚至把科学中的归纳方法也应用到政治领域。他们努力运用自然科学知识，力图揭示各门科学的相互联系，希望形成统一的自然知识体系。

虽然轰轰烈烈的启蒙运动给法国带来了新思想和新观点，但其也存在着局限性。例如知识所传授的对象只限于上层和中层阶级，而没有也不可能向劳工阶级普及。在启蒙运动中赞同劳工阶级受教育的人也寥寥无几。像卢梭这样的教育家甚至认为：未受教育的“高尚的粗人”，天生心地善良，人如果不受教育，便可能十分幸福。大众教育被完全忽略了。

第三节　拉瓦锡推动的化学革命

启蒙运动者们的新思想，特别是关于物质世界统一性的思想，对许多科学家都产生了积极的影响。拉瓦锡(Antoni-Laurent Lavoisier,1743—1794)就是在这种新思潮影响下成长起来的一位科学家,他的学习经历和科学工作目标直接受到启蒙运动的影响。

拉瓦锡出生于巴黎,他的外祖父是巴黎法院的法官,父亲是一名律师,母亲在他5岁那年便去世了,之后拉瓦锡就与外祖母一起生活。11岁那年他进入巴黎的马扎林学院学习,这是一所贵族学校,学校里名师云集,如物理学家和数学家达朗贝尔就在此执教。学校开设的理科课程有物理、化学和数学,文科课程有拉丁文和希腊文。在这所学校里,拉瓦锡所学的基础知识为他以后的科学研究工作打下了坚实的基础。

拉瓦锡

拉瓦锡在大学里所学专业是法律,因为他遵循了他的家庭传统。1763年,他获得法学学士学位,第二年又获得法学硕士学位。然而,在大学学习期间,一次偶然的机会他邂逅了著名天文学家拉卡伊,在拉卡伊的指导下,他开始研读数学和物理,并且跟随拉卡伊学习天文观测。曾经有一段时间,拉瓦锡还醉心于地质学和矿物学,于是在著名地质学家盖塔尔的指导下学习了这两门学科。盖塔尔还建议拉瓦锡增加化学知识,因为化学与地质学和矿物学关系密切。于是他听取了盖塔尔的建议,开始跟随法国的化学家、实验化学学派的创始人鲁埃尔学习化学。鲁埃尔生动有趣的讲课风格给年轻的拉瓦锡留下了很深的印象,从此,在拉瓦锡的头脑中化学占据了一席之地。

从法学院毕业之后,拉瓦锡的第一项研究工作就是解决巴黎城市街道的照明问题。他从研究各种类型的灯和蜡烛开始,设计了各种类型的灯泡,并研究它们的最佳照明效果。

在对上述问题的研究过程中,他查阅了大量关于燃烧的资料,增加了有关燃烧的知识以及对燃烧问题的研究兴趣。

1763年,拉瓦锡发表了一篇专题报告,题目是《关于石膏的分析》;1764年,他将这篇报告提交给法国科学院,并于1765年2月25日在法国科学院宣读了这篇报告。这篇报告的创新之处就是对石膏的分析方法采用了“湿法”而非传统的“干法”。1767年,拉瓦锡一边陪同盖塔尔在野外考察,一边在盖塔尔指导下学习定量测定、定量分析和定量计算。考察结束之后,他连续发表了两篇关于比重计的论文。正是这两篇科学论文使得拉瓦锡顺利入选法国科学院院士。成为科学院院士的同时,他又担任了法国兵工厂负责人。

1770年,拉瓦锡开始关注巴黎城市供水问题,为了让巴黎市民饮用到更清洁的水,拉瓦锡分析了塞纳河水的含盐量,并向法国科学院提交了一份解决方案。

1771年,拉瓦锡与玛丽·波尔兹结婚。玛丽年轻漂亮而且聪明能干,她把全部精力投入拉瓦锡的工作中,帮他做笔记、翻译英文资料,给他的著作绘制插图等,是一位极好的妻子,也是一位得力的助手。拉瓦锡的许多工作场景中都可以看到玛丽的身影。

拉瓦锡及其夫人玛丽

拉瓦锡的前辈们认为，燃烧是因为物质中的“燃素”在发挥作用。许多科学家支持这一观点，如普利斯特列、卡文迪许、迈耶尔等，布莱克也曾一度相信“燃素说”。

拉瓦锡燃烧实验

1774年，拉瓦锡重复了前人关于燃烧问题的一些实验，希望通过实验工作澄清化学家们的许多混乱思想。他在有一定限量空气的密闭容器中加热锡和铅，发现两种金属的表面都产生了一层金属灰。人们已经知道这些金属灰比它们所置换的金属重，然而，容器的总重量在加热前后并没有变化，这就意味着，金属如果获得重量，容器里的别处必然失去重量。通过这个实验，拉瓦锡证明是空气失去了重量，即金属灰是由金属和空气化合而成。同理，金属生锈和燃烧并不是“燃素”的损失，而是得到了部分空气。这个实验表明，金属燃烧的结果是与部分空气进行了化合。当时的拉瓦锡并不清楚空气的组成成分，因此，他的实验报告也没有对此做出进一步的解释。

1778年，拉瓦锡第一个宣告空气由两种气体组成，其中一种气体能维持燃烧，而另一种不能。1779年，他将前者称为“氧”，在希腊语中是“产生酸”的意思，将后者称为“硝”。1790年，夏普塔尔将其改名为“氮”，并被沿用至今。

早在1766年，卡文迪许就发现了一种气体在空气中燃烧可以产生水，但他深信“燃素说”，试图用“燃素说”来解释这一现象。1781年，普利斯特列发现这种易燃气体在燃烧之后会形成水滴。

1783年，拉瓦锡迅速用改良的方式重复了这个实验，证明生成的是水，并将这种气体命名为“氢”(在希腊语中是“产生水”的意思)。在氧和氢的发现这一点上，拉瓦锡或多或少借助了别人的成就。这一年拉瓦锡还向科学院提交了一篇论文，讲述了“燃素说”的种种不合理性，表明氧化理论可以十分恰当地解释燃烧现象。

拉瓦锡的私人实验室

1783 年，物理学家、数学家拉普拉斯第一个接受拉瓦锡的氧化理论，并且与拉瓦锡合作用实验进行了验证。当上述见解被普遍接受之后，“燃素说”被推翻，一门真正现代意义上的化学学科建立起来了。

1787 年，拉瓦锡和另外几位化学家合作出版了《化学命名法》，确立了用每一种物质的组成元素来对其命名的原则，宗旨是名称应该表明其成分。这个命名体系是如此清晰和具有逻辑性，很快就被学界接受了，并演变为化学命名法的基础。

1789 年，拉瓦锡的专著《化学基础论》在法国问世，之后被翻译成英文、德文、意大利文、西班牙文、荷兰文等陆续出版发行，足见其影响力之大。2008 年，该著作首次在中国出版，由任定成教授根据 200 多年前的英译本翻译而成。

拉瓦锡被史学家誉为“化学革命中的牛顿”，他的专著《化学基础论》被认为是科学经典中最基本、最重要的著作之一，是科学史上“最自觉的科学革命”。

1789 年，法国大革命爆发，拉瓦锡因为担任过报税官而被捕。

1793 年 11 月 24 日，拉瓦锡入狱。有人希望免去拉瓦锡的死刑，因为他是一位对国家和人们有贡献的科学家，但得到的答复却是：“共和国不需要科学家！”

1794 年 5 月 8 日，拉瓦锡被推上断头台，时年 51 岁。

第四节　进化思想的起源与影响

进化思想的起源可以追溯到亚里士多德所在的古希腊时期，亚里士多德在其《动物志》中写道：“自然从没有生命发展到动物生命是一个积微渐进的过程。由于其连续性，我们不可能确定这些事物的精确界限及其中间物到底该隶属于哪一边。在无生命类之后，更高等级的首先是植物类，在植物类中一种与另外一种的差别，取决于表现出来的生命力量。总之，整个植物类较之于其他有形实体，天生就像具有生命似的，但较之于一个动物，又像缺少生命似的。""总之,从植物到动物存在着某种等级不断提高的过程。"①在希腊化时期,博物学就有过伟大的成就,出现了像老普林尼这样著名的博物学家,他们著书立说,将自己的研究成果传与后人,我们才得以了解他们那个时代缤纷多彩的有机世界。到了文艺复兴时期,博物学得到了进一步的发展。但对于物种是否进化仍然有两种观点相持不下:一种是"神创论",即上帝创造了什么物种就是什么物种,物种不会随环境和时间而改变;另一种是"进化论",即生物会随着环境和时间发生变化,甚至会演变成另一个新物种。尽管强大的宗教势力成为"神创论"的保护伞,但许多科学家如布丰、拉马克和达尔文对于物种起源问题仍然进行了深入探讨,并在科学界和社会上引起广泛关注。

老普林尼

从科学上讨论物种变异的第一人当属布丰。布丰(Georges Louis Leclerc de Buffon,1707—1785)出生于法国孟巴尔城一个律师之家,成长于启蒙运动时期,是 18 世纪法国著名的作家、博物学家。他少年时期就爱好自然科学,特别是数学。

布丰

1728 年,布丰从迪戎耶稣学院法律系毕业后,又学了两年医学。后因为恋爱引起决斗而离开法国到了英国。在英国他参加了许多科学研究活动,包括物理、数学和植物学等领域,尤其是被牛顿的实验物理学所折服。1730 年,布丰成为英国皇家学会会员。1732 年回到法国后,布丰就迫不及待地将英国植物学家黑尔斯的《植物静力学》和牛顿的《流数术》翻译成法文出版,向法国科学界介绍了英国的科学成就。1733 年,布丰任法国科学院助理研究员。1739 年,布丰被任命为巴黎植物园园长,正是在这段时间,布丰利用工作之便利,收集了大量的动物、植物、矿物样品和标本,并借助这种优越的条件,专心从事博物学的研究,最终完成了巨著《自然史》。

《自然史》的前 36 卷是布丰在世时完成的,后 8 卷由他的学生于 1804 年整理出版。这是一部百科全书式的巨著,包括地球史、人类史、动物史、鸟类史和矿物史等几大部分,综合了大量的事实材料,对自然界做了精确、详细、科学的描述和解释,提出了许多有价值的创见。《自然史》的第一卷于 1749 年正式出版,书中提出了地球形成假说,认为地球是太阳与彗星相撞后分离出来、逐渐冷却而成的。布丰提出地球的形成过程分为 7 个阶段,估计地球年龄为 75000 年。他认为地球表面的起伏,诸如山脉、河谷等,都是受涨潮、退潮以及海流作用的结果,夸大了海洋的地质作用。布丰坚持以唯物主义观点解释地球的形成和人类的起源,指出地球与太阳有许多相似之处,地球是"冷却的小太阳";地球上的物质演变产生了植物和动物,最后有了人类;人类的进化不是如《圣经·创世纪》所说的,因

① 萨顿.希腊黄金时代的古代科学[M].鲁旭东,译.郑州:大象出版社,2010:667.

为人类的祖先亚当、夏娃偷吃了禁果才有了智慧，而是在社会实践中获得了知识，增长了才干。尤其在物种起源方面，他倡导生物进化论，指出物种因环境、气候、营养的影响而变异，对后来的进化论产生了直接的影响。

《自然史》无论从科学的角度还是从艺术的角度都堪称精品，书中作者以科学的观察为基础，用形象的语言勾画出各种动物的一幅幅肖像。1749 年，《自然史》一经出版，就在欧洲学术界产生了轰动，同时也引起了宗教界的不满。布丰的地球演化观、生物进化观以及物种退化观与当时的宗教教义背道而驰，遭到巴黎大学神学院的警告，勒令他必须收回并放弃这些观点。布丰被迫写信给神学院声明自己“无意‘反驳’《圣经》”，并保证将来出版《自然史》第四册时将这封信刊在卷首。

布丰对进化思想的主要贡献除了《自然史》这部巨著之外，还在于他培养了学生拉马克。

拉马克

拉马克(J. Lamarck，1744—1829)是进化思想的奠基人，出生于法国的一个没落的贵族家庭。他是父母 11 个孩子中最小的一个，也是备受宠爱的那一个。拉马克在青少年时期性格开朗，兴趣广泛，但父母希望他长大后能从事教会工作，所以决定让他上神学院学习宗教法规，但是他很快就产生了厌倦感，放弃了宗教学习，决定投笔从戎。当时正值普法战争之际，拉马克在战场上由于作战勇敢，晋升为中尉。1768 年，战争结束，拉马克因疾病不宜留在军队，只得退伍回到巴黎。

为了生计，拉马克在银行里找到了一份稳定的工作。在工作之余他开始研究气象学，这是他从事科学研究的开始。不久之后，拉马克就进入巴黎高等医学院系统地学习医学。正是在这段时间，他接触到了植物学这一领域。由于经常去植物园听专家讲座，他结识了启蒙运动的领袖人物，也是法国著名的思想家、哲学家、教育学家、文学家卢梭，并得到了时任植物园园长、植物学家朱西厄的赏识，在后者的指导下，拉马克潜心钻研起植物学。

朱西厄

1778 年，拉马克出版了自己的第一部著作《法兰西植物志》，这也为他在植物学界赢得了荣誉和地位。1779 年，拉马克当选为巴黎科学院院士；1781 年，获得皇家植物学家的头衔；1788 年，获得巴黎皇家植物园植物标本管理员的职位。法国大革命之后，皇家植物园改名为“国立自然历史博物馆”，并增设了讲座教授的职位。当时博物馆计划开设生物学讲座，其中最困难的讲座内容是“蠕虫和昆虫”，从未专门研究过动物的拉马克迎难而上，经过一年时间的准备，1794 年，他开设了这个讲座。这一年，拉马克已经 50 岁了。1801 年，拉马克出版了专著《无脊椎动物的分类系统》，在这本书中，拉马克将蠕虫和昆虫两类无脊椎动物进行了分类，并首创了“脊椎动物”和“无脊椎动物”的概念。“生物学”一词也首先出现在这本专著中。1809 年他出版了《动物学哲学》，从而创立了以渐变论为基础的生物进化论。

拉马克的进化论思想主要体现在三个方面：一是现代生物与古代生物具有相似性，一切生物，包括人类在内，都是别的物质遗传繁衍而来，生物进化和变异是连续而缓慢的过程；二是环境在演化机制中的作用，环境的多样化导致了生物的多样性；三是用进废退法则。虽然拉马克的学说没有形成严密而系统的理论，但他是第一个提出进化思想并在物种起源问题上得出结论的科学家。

1859 年，达尔文在《物种起源》一书的引言中写道："在物种起源问题上进行过较深入探讨并引起广泛关注的，应首推拉马克"，"他是第一个唤起人们注意到有机界与无机界一样的，万物皆变，这是自然法则，而不是神灵干预的结果。"

想一想

1. 第一次工业革命为何发生在英国？
2. 启蒙运动对科学思想的发展有何影响？
3. 拉瓦锡在化学方面的研究对西方科学发展有何影响？
4. 18 世纪对生物进化的研究取得了哪些成果？

好书推荐

1. H. 弗洛里斯·科恩，《世界的重新创造》，张卜天译，商务印书馆，2020.
2. 拉瓦锡，《化学基础论》，任定成译，北京大学出版社，2008.
3. 彼得·哈里森，《科学与宗教的领地》，张卜天译，商务印书馆，2016.
4. 乔治·布丰，《自然史》，赵静译，重庆出版社，2014.

拓展与延伸

第九章　19 世纪的科学技术成就

扫一扫，看视频

在 19 世纪，人类认识自然的方式可以概括为三种：哲学的、实验的和数学的。随着工业革命的推进，欧洲生产力水平迅速提升，社会结构发生了巨大变化。牛顿主义盛行于英国，笛卡儿主义盛行于法国，而在德国，博学家、法学家和数学家沃尔夫综合了莱布尼茨哲学的关键要素。此时出现了认识自然的全新方式，即对自然科学进行分类研究，从而产生了天文学、物理学、化学、生物学、地质学等学科，其中数学与实验相融合的研究得到了高速发展，产生了一系列科学技术综合体，如细胞理论、细菌说、热力学与统计、天体物理学、物理化学和电磁场理论等。因此，19 世纪被誉为“科学的世纪”。

沃尔夫

莱布尼茨

第一节　能量守恒定律与热力学的发展过程

一、研究热和运动的相互转化

18 世纪，随着对燃烧现象认识的深入，人们开始试图解释热现象。当时对热的本性的认识基本可以归为两种：一种认为热是一种特殊的物质；另一种认为热是物质分子的微小运动。拉瓦锡在1789年的《初等化学概论》中将热物质当作一种元素引入，称之为热素或热质。拉瓦锡认为，存在着一种极易流动的物质实体——热质，它充满了分子之间的空间，并具有扩大分子之间距离的作用。热质根据其状态可分为两类：自由的热质和结合的热质。结合的热质被物体中的分子所束缚，形成其实质的一部分；自由热质没有处于任何结合状态，能够从一个物体转移到另一个物体，成为各种热现象的载体。拉瓦锡还将一定质量的物质加热到一定温度所必需的热质称作比热。

热质说被拉瓦锡明确化之后，在18世纪末到19世纪初的一段时间里在物理学中占据着主流地位。在此基础上热学获得了一定的发展。例如，傅里叶通过对热传导的研究，于1822年发表《热的解析理论》，提出了著名的热传导微分方程，并使用傅里叶级数展开求解方程，成为数学物理方法的成功典范。

在18世纪，蒸汽机的广泛使用促进了工业革命的发展，给人类的生产、生活带来了前所未有的便利。但是蒸汽机的发明和改进只是依靠技术上的探索。1824年，卡诺发表了《关于火的动力及适于发展这一动力的机器的思考》一文，在这篇论文中卡诺第一次揭示了蒸汽机工作的理论原理。

卡诺(Sadi Nicolas Léonard Carnot，1796—1832)出生于法国的名门望族。1814年毕业于法国综合工科学校后到工兵部队服役，1820年退役后专心从事物理学理论研究。他的父亲是拿破仑一世政府要人，同时也是一位应用力学家，弟弟是一位持自由观点的政治家。卡诺对热机的做功效率非常感兴趣，他想了解这种效率究竟可以提高到多少。他从父亲那里认识到对一个循环过程进行考察的必要性，于是他将热机对外做功和做完功恢复原状的过程结合起来考虑。

卡诺

卡诺在《关于火的动力及适于发展这一动力的机器的思考》一文中是基于热质说来考察热机效率的。他的工作基础就是热质守恒。卡诺认为，热从高温物体向低温物体移动时，必然能够产生动力，因此不伴随动力产生的热流动是一种损失。温度不同的物体接触时就会产生这种损失。想要获得热机的最高效率，就要尽量避免这种损失。

卡诺进一步设想了没有任何损失的理想热机。他考察了由带活塞的汽缸中的气体所产生的等温膨胀(系统从环境中吸收热量)、绝热膨胀(系统对环境做功)、等温压缩(系统向环境中放出热量)和绝热压缩(系统恢复原来状态，对环境做负功)四个过程构成的循环，这一循环后来被命名为“卡诺循环”。

通过对理想热机的考察，卡诺得出结论：热机最高效率取决于热机内的温度差，与工作介质无关。设蒸汽温度(T_1)是热机内的最高温度；冷却水的温度(T_2)是最低温度，如果热机以理想状态工作，最大功率为(T_1-T_2)/ T_1(T_1、T_2 是绝对温度)。他的这一公式后来由开尔文进一步阐释，直到1848年才引起科学界的注意。由于卡诺最先定量地研究了热和功相互转化的方式，因此他被认为是热力学的奠基人。

伦福德(Rumford，1753—1814)，原名本杰明·汤普森(Benjamin Thompson)，出生于

美国马萨诸塞州，1776 年移居英国并加入英国国籍，1779 年被选为英国皇家学会会员；1784—1799 年在德国巴伐利亚，备受巴伐利亚王室的礼遇，1790 年被封为伦福德伯爵，退休后来到巴黎，直到 1814 年 8 月 21 日去世。

伦福德

伦福德曾经在慕尼黑管理一个兵工厂，他发现当钻削制造炮筒的青铜坯料时，金属坯料烫得像火一样。当时传统的解释是，当金属被切削成刨花时，热质就从金属中逸出。但是伦福德注意到，只要镗钻不停止，金属就不停地发热。难道有更多的热质？如果把逸出的热全部传递给金属，足以把金属熔化。也就是说，从青铜中逸出的热比它可能包含的热质还要多。如果切削工具很钝，不能切出刨花，照理热质不会从金属中流出。但是事实恰恰相反，金属件变得比以前更热。于是伦福德得出这样的结论：机械运动转化为热。1798 年，伦福德向皇家学会报告了他在慕尼黑的实验。他还试图给出一定量的机械运动所能产生的热量，这是首次给出热功当量的数值，不过他的数值偏高。1799 年，伦福德回到英国，并建立了英国皇家研究所。

伦福德在皇家学会的报告引起了巨大反响，对于热运动说有人支持也有人反对。热质说的统治地位一时还难以动摇。当时以热质守恒这一基本原理为基础，热学正稳步地积累着实验资料，并不断产生新的理论。相反，热运动说缺乏定量的实验基础，没有提出数学化的理论。

直到能量守恒和转化定律被确立，人们才开始能够从更广阔的视角来理解热和运动的相互转化。

二、能量守恒和转化定律的确立

18 世纪以来，物理学的研究方兴未艾，形形色色的物理现象之间的转化过程被陆续发现。到了 18 世纪下半叶，在德国产生了一种对机械论自然观的不满，并萌发了一种活力论。这种活力论在 19 世纪初发展成为自然哲学：将整个宇宙看作由某种根源性的力所引起的历史发展的产物，将自然界中的各种力归结为同一种力。

迈尔

首先是德国人迈尔（Julius Robert Mayer，1814—1878）提出了能量守恒的概念，他通过对自然界各种力的观察来进行热功转化的研究。迈尔是药剂师的儿子，当过随船医生。大约在 1840 年去爪哇的航行中，他发现生活在热带地区的人静脉血颜色像动脉血一样鲜红，而生活在温带地区的人静脉血颜色是比较暗淡的，这一发现促使他研究生命现象中能量相互转化的问题。1841 年，他完成《无机自然界的力（能量）》一文，被一家物理学杂志退稿后，第二年发表在了化学家李比希主编的《化学和药学年鉴》上。1842 年，迈尔用马拉动一个机械装置来搅动大锅中的纸浆，根据马所做的功和纸浆升高的温度，他尝试给出热功当量的数值。迈尔曾多次著文阐述能量守恒的概念，但是他的工作在当时几乎没有引起人们注意，以至于1858 年李比希介绍迈尔的见解时，竟误称他已经亡故了。但是最终学术界还是承认了他的工作，后来英国物理学家丁达尔就迈尔的研究成果发表了演讲，努力使他获得应有的荣誉。

李比希

丁达尔

在对热功转化的研究中，还有一位重要人物就是焦耳(James Prescott Joule，1818—1889)。焦耳是一位酿造商的次子，从小脊柱受伤，所以一心读书研究，几乎不过问其他事情。焦耳基本上靠自学，他不精通数学，但擅长实验。他是个测量迷，希望对所有有热量产生的过程进行热测量。1840 年，他通过精确测量得出：电流产生的热量与电流强度的平方和电阻的乘积成正比，这就是著名的焦耳定律。焦耳还测量出热功转化的关系，也就是热功当量。虽然伦福德和迈尔都得出过热功当量的数值，但焦耳的数值最精确。

焦耳

为了纪念焦耳的工作，一千万尔格的功被定义为一焦耳。现在的热功当量数值为 4.18 焦耳/卡。

焦耳的工作无疑相当重要，但是当时人们并没有认识到他工作的意义。各种学术刊物和皇家学会都拒绝发表他的文章，因而他不得不采取公众讲演的方式。最后，通过他的兄弟是曼彻斯特一家报纸的音乐评论家的关系，勉强在那家报纸上发表了他的讲稿。

1847 年，焦耳获得在英国科学促进会年会上宣读论文的机会，当时几乎没有听众，只有一位 23 岁的年轻人对他的报告感兴趣，他就是威廉·汤姆森，即后来的开尔文勋爵。威廉·汤姆森对焦耳的成果做了十分精辟的评价，终于引起了人们的注意。1849 年，在法拉第的亲自主持下，焦耳在皇家学会宣读了他的论文，他的成果终于获得完全承认。焦耳的工作为热力学第一、第二定律的得出奠定了实验基础。

对于能量守恒定律，迈尔展开了大胆思辨，焦耳进行了扎实的实验，而德国生理学家和物理学家赫姆霍兹(Hermann von Helmholtz,1821—1894)则立足于力学基础，追求各种能量转换过程的数学表达。最终赫姆霍兹被确认为能量守恒定律的创立者。

1854年，赫姆霍兹在《自然力的相互作用》一文中指出，自然作为一个整体，是力的储存库，它不能以任何方法增加或减少力。所以自然界中力的数量正像物质的数量一样永存和不变。这里明确表达了能量转化和守恒的思想。正是赫姆霍兹首次使用了严密的物理学和数学语言描述了能量守恒定律，这一成果最终才得到学术界的初步承认。

赫姆霍兹

麦克斯韦对赫姆霍兹的工作给予了高度评价。他指出，迈尔和赫姆霍兹文章中的“力”其实就是“能量”。威廉·汤姆森在1851的一篇文章中首次使用了“能量”一词，并在1853年的一篇文章中提出了能量守恒定律的最终严格表述。以1850—1851年克劳修斯和开尔文奠定热力学基础的工作为转机，能量守恒定律开始获得普遍承认。

在焦耳工作的基础上，克劳修斯和开尔文各自深入研究了热功转化的机制和规律性问题，分别得出了热力学第一定律的表述。

热力学第一定律的克劳修斯表述为：在一切热做功的情况中，产生的功与消耗的热量成比例。反之，通过消耗同样大小的功，将能产生同样数量的热量。1850年4月，该成果发表在《物理和化学年鉴》上，论文题目是《论热的动力和可由此推导热学本身的定律》。

热力学第一定律的开尔文表述为：物质必须以热的形式或以机械功的形式，给出同它得到的同样多的能量。该成果于1851年发表，论文的题目是《以焦耳先生的单位热当量导出的大量结果和雷诺对蒸汽的观察论热的动力学理论》。

热力学第一定律是关于孤立热力学系统是否从热源吸收热量和内能与外功之间转化守恒关系的规律，它并不涉及不同温度的两个热源之间的热量传递。然而卡诺热机理论表明，为了从热产生动力，需要有高温物体和低温物体。热机的实践也证明，热机存在着普遍的热耗散现象，总有一些热譬如摩擦热不能往返做功。事实上卡诺的理想热机循环在实际中是不能实现的。对此，需要有一个新的普遍规律对这种普遍现象加以说明。

三、热力学第二定律

1854年，克劳修斯又在《物理和化学年鉴》发表了一篇论文，题目是《论机械热的动力理论第二基本定律的一个改变形式》，文中克劳修斯给出了通常所说的热力学第二定律的数学表达式。

1865 年 4 月，克劳修斯在《热的动力理论的基本方程的几种方便形式》中提出了一个与变化途径无关的状态函数“熵”，用字母“S”表示，它表示运动转化中不可逆过程的量，并用 Entropie 来命名①。他在文中写道：“我故意把 Entropie 构造得尽可能与单词 Energie（能）相似，因为这两个量在物理意义上如此接近，在名称上有相似性，我认为是恰当的。”

在 1865 年的论文中，克劳修斯将热力学第二定律表述为：对于可逆过程而言，熵等于零；对于不可逆过程而言，熵总是大于零。1875 年在《热的动力理论》中他又提出了热力学第二定律更为精练的表达形式：热不可能自发地从一冷体传到一热体。

与克劳修斯同时期的开尔文对热力学第二定律做了独立的研究。1851 年，开尔文提出了热力学第二定律：不存在一种由非生命物的作用，将物质冷却到比周围最冷的东西还要低的温度的方法，使物质的任何部分产生机械效应。现在大学物理教科书中热力学第二定律的开尔文表述通常为：不可能从单一热源取热使之完全变为有用的功而不产生其他影响。

1856 年，开尔文在《论动力的起源和转变》一文中，将热力学第二定律和制造一种自动机联系起来，他提出：不借助外部动因将热从一物体传递到另一高温物体来制成一个自动机是不可能的。这种自动机也称为永动机，后来人们将违反热力学第一定律的永动机称作第一类永动机，违反热力学第二定律的永动机称作第二类永动机。热力学第二定律也被等价地表述为：第二类永动机是不存在的。

四、热力学第三定律

1848 年，英国物理学家汤姆森在确定温标时，对绝对零度做出这样的规定：“当我们仔细考虑无限冷相当于空气温度计零度以下的某一确定的温度时，如果把分度的严格原理推延足够地远，我们就可以达到这样一个点，在这个点上空气的体积将缩减到无，在刻度上可以标 -273℃，所以空气温度计上有这样一个点，不管温度降到多低，都无法达到这一点。”②③

1906 年，德国物理学家能斯特（Walther Hermann Nernst，1864—1941）在为化学平衡和化学的自发性寻求数学判决时，提出了一个基本假设，并提出了相应的理论。他自己称之为“热学新理论”。

1912 年，能斯特在他的著作《热力学与比热》中，将“热学新理论”表述为“不可能通过有限的循环过程，使物体冷到绝对零度”。这就是绝对零度不可能达到定律，也就是热力学第三定律。

能斯特

---

① 1923 年普朗克到东南大学进行热力学第二定律方面的讲学，胡刚复为之翻译，首次将 Entropie 译作“熵”。转引自郭奕玲，沈慧君.物理学史[M].北京：清华大学出版社，1993：77.

② 郭奕玲，沈慧君.物理学史[M].北京：清华大学出版社，1993：82.

③ 布伦德尔.热物理概念——热力学与统计物理学[M].北京：清华大学出版社，1993：82.

1920 年，瑞典皇家科学院授予能斯特诺贝尔化学奖，以表彰他在热化学方面的研究成果。

第二节　电磁学的建立与发展

如果说在 18 世纪末，关于电和磁的认识还在初级阶段，对电和磁之间的联系尚未有正确认识，那么到了 19 世纪，在伏打、奥斯特、安培、法拉第、麦克斯韦、赫兹等人的共同努力下，电磁学和通信技术得到了突破性进展，为人类的生产和生活带来了前所未有的便利。本节将重点介绍静电学、流电学、电磁学以及通信技术的发展历程。

伏打

奥斯特

安培

法拉第

麦克斯韦

赫兹

一、静电学的建立

认识到摩擦可以起电，最初只是一个偶尔的事件。后来人们发现摩擦过的琥珀或其他物体能吸引尘埃和纸屑。我国西汉末年有文献记载了玳瑁能够吸引微小的物体，西晋的《博物志》中也有关于摩擦起电的记载。1600 年，英国医生吉尔伯特（William Gilbert，1544—1603）在《关于磁石、磁性物体和地球大磁石的新自然哲学》一书中指出，静电力与磁力是不同的两种力。进入 18 世纪后，做各种静电实验成为一种时尚。根据摩擦起电的原理，人们想到制造专门的机器——起电机来获得电荷。

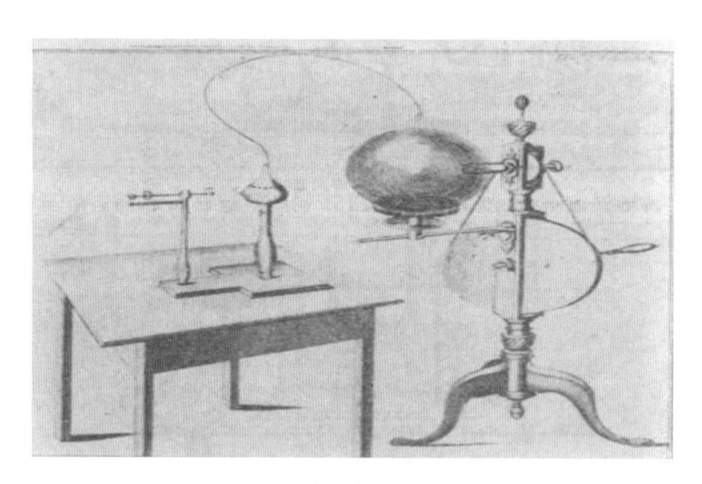

摩擦起电装置

吉尔伯特

当时的绝大多数富有的业余爱好者都拥有一台起电机。人们发现一些液体，如水，也能被起电，同时人们希望将产生的电荷保存起来，这两种愿望促成了莱顿瓶的发明。

1745 年左右，德国人冯·克莱斯特和荷兰科学家穆森布鲁克制造出一个金属衬里的玻璃瓶，从瓶口的软木塞插入一根金属棒，就能贮存由起电机产生的大量静电，用手靠近金属棒时会产生火花和爆裂声。

莱顿瓶的发明，激发了人们对电的研究热情。在欧洲，几乎每个国家都有一批热衷于进行电实验和利用电进行表演来谋生的人。

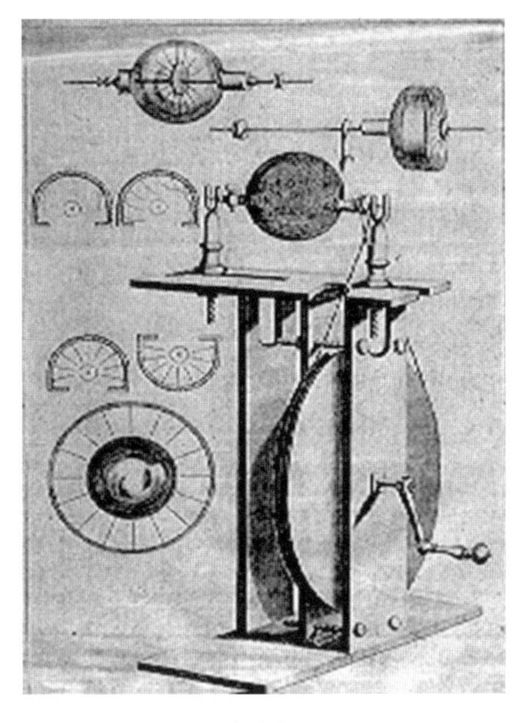
起电机

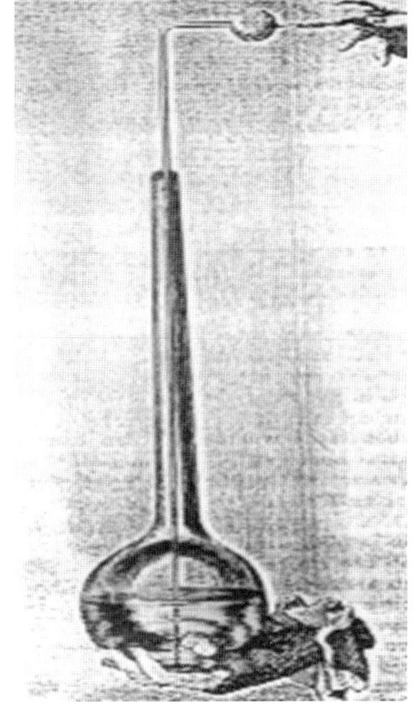
莱顿瓶

1729 年，英国人斯蒂芬・格雷发现电的传导性取决于构成物体的物质，如金属丝能导电，蚕丝不能导电。他发现摩擦电能够传递，在他的实验中电被传送了 765 英尺(约 233 米)远。后来人们将能够让电透过的物质称为导体，而不具备这种性质的、能够产生带电状态的物质称为电本体。

那么，电的本质究竟是什么？起先，人们认为物体带电是因为一种叫电素的物质与之相结合。但是如果电素是一种物技，那么物体起电后的重量应当有所增加，然而一切想证明这一点的尝试都没有成功。这一时期，同样的问题也出现在热、光、磁等物理现象中。于是，人们将这些物质定义为没有质量的实体，这虽然在逻辑上难以成立，但是在 18 世纪它却提供了唯一可能的解释。事实上，无质物体的概念直到 20 世纪初才在物理学的所有分支领域中被推翻。

富兰克林

在解释电的本质问题上，出现了一位杰出的人物，他就是富兰克林(Benjamin Franklin，1706—1790)。当时很多科学家都用来莱顿瓶做实验，富兰克林是其中之一。他注意到莱顿瓶的电火花和爆裂声，联想到这可能是一种微型的闪电和雷鸣。从另一个角度看，雷鸣闪电可能就是天空和地球这个巨大“莱顿瓶”之间的相互作用。

为了验证这种想法，他头脑中出现了一个新的方法：

把一只风筝放进云层,并利用风筝线将云层中的电引到地面。后来他在给朋友的信中这样写道:“用两根轻的杉木条做成一个小十字架,这两根木条长短一样,恰好能够到一块丝绸手帕张平时的四个角,把手帕的四角紧扎在十字架末端,这样就可以做成一个风筝,将一根很尖细的铁丝固定在十字架木条上一端,铁丝从木条伸出一英尺或更多些。靠近手边的风筝捻线用丝绸带缠上,在丝绸带和捻线相连接的地方拴上一把钥匙。”①

1752 年,富兰克林为了验证他的这一想法,在一个雷雨天气里,带上准备好的装置,由儿子作陪,去户外实施自己的实验。风筝放上了天空,进入了云层,而富兰克林则躲进一间能够避雨的小屋里等待结果。他想,要是空中有电,就会使丝线带电。电闪雷鸣时,富兰克林发现,风筝线松开的纤维直立起来了。他将指关节靠近栓在丝线上的钥匙,金属钥匙像莱顿瓶一样放出了火花。接着,富兰克林小心翼翼地用这个钥匙给莱顿瓶充了电。他证明了闪电是一种电现象。

富兰克林时代所流行的服饰

这是一个极度危险的实验。但风筝实验的成功,却给科学界造成很大震动,众多科学家都在重复富兰克林的大气电实验,有些人被雷电击中后写出了亲身感受,有些人甚至为此付出了生命的代价。

这个实验不仅在科学界引起了轰动,在社会各界都产生了影响,当时就开始流行一种带丝线的服饰。

富兰克林还建议用避雷针保护建筑物。1760 年,富兰克林在美国费城一座大楼上立起了一根避雷针。1762 年,威廉·沃森特于 1762 年在英国立起了第一根避雷针。到了 1782 年,费城已经有了约 400 根避雷针。当时,一些神学家反对竖立避雷针,他们认为,打雷和闪电是神愤怒的表示,干扰他们的破坏力是大不敬的。对此,哈佛大学的一位物理学教授温思罗普是这样作答的:正如用上帝赐给我们的方法来预防雨、雪和风那样,预防雷电同样是我们的职责。

威廉·沃森特

富兰克林对电现象做了进一步的研究,提出了这样的解释:电中包含一种微妙的流体;无论这种流体多了还是少了,都会表现出电性来。两种含有多余流体的物体相互排斥,两种缺少这种流体的物体也相互排斥。多余的流入不足的,这两种电就中和了。富兰克林建议将有多余流体的情况称为带正电,流体不足的情况称为带负电。正电和负电的概念沿用至今。

如果说早期的静电学实验还处在观察和积累各种资料的阶段,那么,当把数学引入电现象的研究中时,一门新科学——静电学就诞生了。在静电学的确立过程中,普里斯特列、卡文迪许和库仑做出了重要的贡献。

① 卡约里.物理学史[M].戴念祖,译.桂林:广西师范大学出版社,2002:99-100.

普里斯特列

普里斯特列(Joseph Priestley,1733—1804),英国化学家,对电学也颇有研究,是富兰克林的老朋友。当富兰克林被有关天空电、尖端放电等问题困扰时,他写信给普里斯特列告诉他这个实验,并向他求教。普里斯特列收到信后,立即重复了这个实验。在1767年的《电学的历史与现状及原始实验》一书中,他写道,“难道我们就不可以从这个实验得出这样的结论:电的吸引与万有引力服从同一定律,即距离的平方,因为很容易证明,假如地球是一个球壳,在壳内的物体受到一边的吸引作用绝不会大于另一边”①。

显然,普里斯特列从牛顿的著作中得到了启示,凡是遵守平方反比定律的物理量,都应该遵循这一论断。换句话说,凡是表现这种特性的作用力,都应该服从平方反比定律。不过,普里斯特列的结论并没有得到科学界的普遍重视,因为他没有给出明确的论证,仍然停留在猜测的阶段。普里斯特列之后,有两个人曾做过定量的实验研究,并得到明确的结论,可惜都没有将成果及时发表,其中一位就是卡文迪许。

卡文迪许

卡文迪许(Henry Cavendish 1731—1810)出生于英国一个贵族家庭,家产颇丰。他性格过于腼腆,不愿与人打交道,拒绝在家里接待陌生人,甚至拒绝与他的女佣人有任何交往。他的生活很简朴,活动范围仅限在家、图书馆和实验室。他只有一个爱好,就是做科学研究。因此,他把大量的收入积蓄起来,独自进行研究,就这样度过了漫长的岁月。

1773年,卡文迪用两个同心金属壳做实验,外球壳由两个半球装置制成,两个半球合起来正好形成内球的同心球。卡文迪许对此写道:“我取一个直径为12.1英寸的球,用一根实心的玻璃棒穿过中心当作轴,并覆盖以封蜡。然后把这个球放在两个中空的半球中间,半球直径为13.3英寸,厚度为1/20英寸,然后,我用一根导线将莱顿瓶的正极接到半球,使半球带电。”②

卡文迪许通过一根导线将内、外球连在一起,外球壳带电以后,取走导线,然后打开外球壳,用验电器检验内球是否带电,结果发现内球并没有带电,电荷完全分布在外球上。卡文迪许经过多次重复这个实验,最后确定电力遵循平方反比定律。

1771年,卡文迪许于《哲学学报》上发表了一篇论文《试以一种弹性流体解释若干基本电现象》,该文为静电学理论奠定了基础。其基本假设同富兰克林等人的一样,认为电是一种流体,其微粒互相排斥,其力与距离的某小于立方的幂成反比。他还用数学方法研

① 郭奕玲,沈慧君.物理学史[M].北京:清华大学出版社,1993:116.

② 同上:118-119

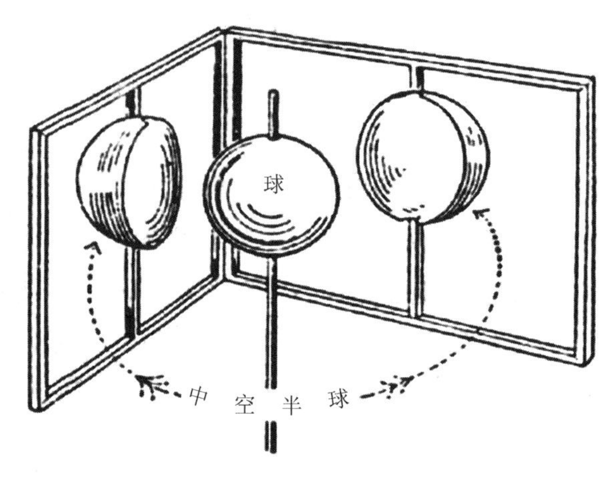

卡文迪许做的实验

究了带电导体中流体的分布、物质和流体的各种分布对微粒的作用力或相互之间的作用力以及电流体在两个相连通的带电导体间的运动等。

卡文迪许出于一种纯粹的好奇而进行研究，不在乎研究成果是否发表、是否能得到荣誉。直到他去世后若干年后，他的许多工作才被人们知晓——1879年，麦克斯韦审查了他的笔记并将他的成果发表出来。

库仑(Charles Augustin Coulomb，1736—1806)，法国物理学家，出生在法国的昂古莱姆，法国工兵部队的技术军官，在西印度群岛服役几年后回到巴黎当了工程师，并开始进行科学研究。他用实验证明了电引力和磁引力都服从平方反比定律，他的工作不仅是精密测量和数学解析相结合的典范，而且为电磁学奠定了定量基础，迅速地推进了这个领域的数学化。

库仑

1777年，库仑发明了一种扭秤，用一根拉紧的细纤维所产生的扭转角度来度量力的大小。库仑在实验中将两个带电小球摆放在不同的距离上，根据它们使扭力天平产生扭转的多少来度量引力或斥力。

1785年，库仑用扭秤实验证明：电的引力或斥力与两个小球上的电荷的乘积成正比，与两个小球球心之间的距离平方成反比。这表明电力也遵循与牛顿所创立的引力论相似的法则。这一规律现在仍称作库仑定律，电量的单位也被命名为库仑。

至此，一门新的学科——静电学建立起来了。

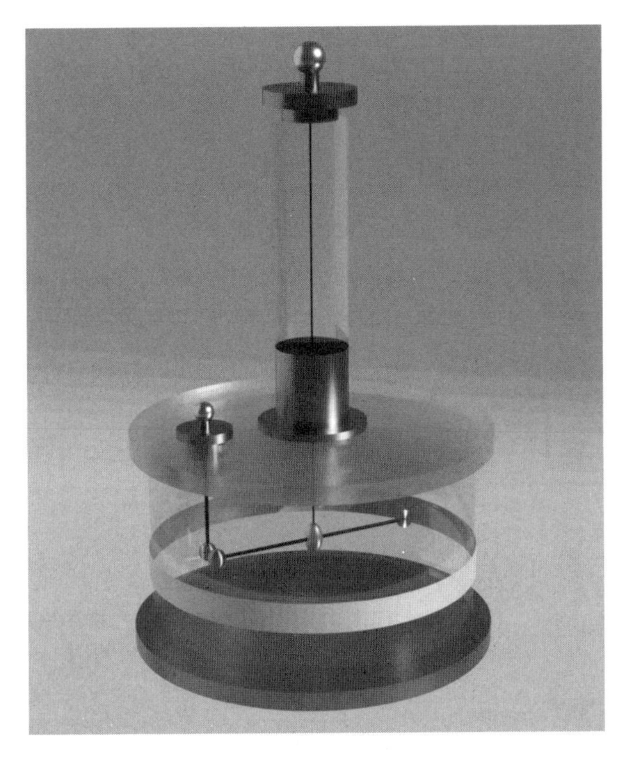

库仑的扭秤实验

二、稳恒电流的获得与进展

人们已经认识到：摩擦能够起电；加热晶体能够起电；大气中也能收集到电；还发现一些海洋鱼类在受到攻击时也放电。到 18 世纪末，人们发现了接触电。对此现象的充分研究和理论解释是 19 世纪物理学的最大成就。

伽伐尼

1750 年前后，一位叫作祖尔策的德国教授碰巧将他的舌尖放进两块不同的金属之间，他感觉到了一种刺激性的味道。后来人们把这种效应与电联系起来，这便是最初对接触电的认识。

伽伐尼（Luigi Galvani，1737—1798），意大利医生和动物学家，出生于意大利的博洛尼亚。他从小接受良好教育，1756 年进入博洛尼亚大学学习医学和哲学。

1771 年，伽伐尼在进行解剖实验时，注意到切下来的青蛙腿若碰到电器发出的火花，会猛然抽动。或者当电器启动时，即使不直接接触火花，只用金属刀接触一下，也是如此。他反复实验，最后得到这样的结论：将蛙腿放在绝缘的玻璃板上，用铜钩将蛙腿连接起来，如果用另一种金属作连线则痉挛会产生；如果用同种金属或非导体，就没有这种痉挛。

伽伐尼受到莱顿瓶的影响，认为蛙腿痉挛现象是因为筋肉的表面和神经起到了类似莱顿瓶外箔和内箔的作用，所以蛙腿储存着电，而放电引起了筋肉收缩。于是他宣称有“动物电”这样一种东西，并且十分坚持这一观点。

1791 年，他将自己长期从事蛙腿痉挛的研究成果发表在《肌肉运动中的电力》一文中，他写道：“我们想到用不导电或者不大导电的其他物体，如由玻璃、橡皮、树脂、石头或木头等物质制成的，但都是干的东西来试验，结果都不发生这样的现象，既看不到肌肉的紧缩，也看不到肌肉的运动。这当然激起了我们的惊奇，并使我们以为动物本身就有电。我们认为这种看法是正确的，因为我们的假定是，在紧缩现象发生时，有一种很细的神经流体从神经流到肌肉中去，就像莱顿瓶中的电流一样。”①

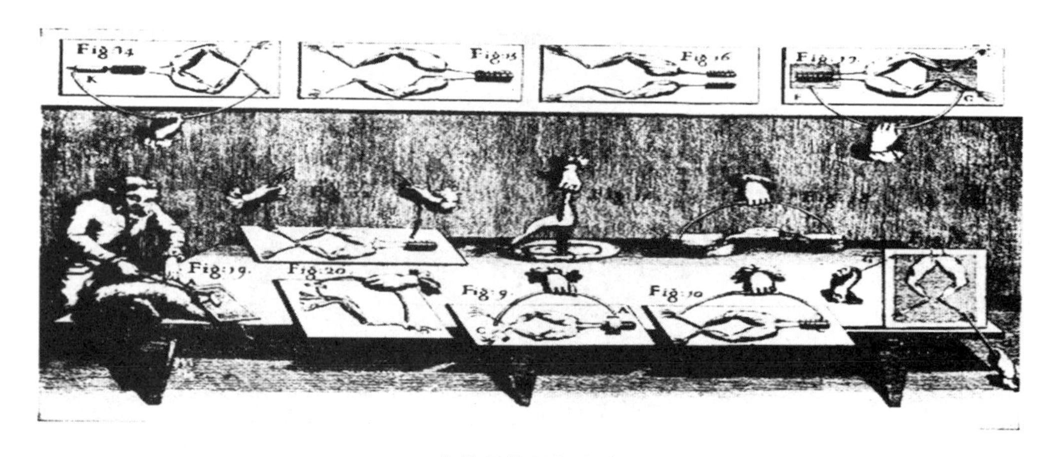

伽伐尼的蛙腿实验

伽伐尼的研究成果发表之后，欧洲各国对动物电的研究形成了一股热潮，很多人投入到这项实验之中，伏打就是其中一员。

伏打(Alessandro Volta，1745—1827)，意大利物理学家，出生于意大利科莫一个富有的天主教家庭。伏打在 45 岁生日后不久，读到了伽伐尼 1791 年写的文章，他开始还有些犹豫，但不久就开始了工作，用伏打的话说，他实验的内容“超出了当时已知的一切电学知识，因而它们看来是惊人的”。伏打重复并证实了伽伐尼的实验。起先伏打赞同伽伐尼的观点，认为肌肉接触两个不同金属时产生的电流是由肌肉组织引起的。但是在他设计的各种实验中他发现，电流的产生和持续和生命组织无关。他只用金属而不用肌肉组织也测到了电。伽伐尼实验中的蛙腿只是起到一种灵敏验电器的作用。

伏打

1800 年伏打制成了能产生很大电流的装置。他使用几个盛有盐溶液的碗，将相邻的盐溶液用弓形金属条连接。金属条为两类，一类为铜，另一类为锡或锌，两者间隔放置。这样便产生了一股稳定的电流，两只碗相隔越远，能产生的电流

① 郭奕玲，沈慧君．物理学史[M]．北京：清华大学出版社，1993：125.

越大。这是世界上第一组电池。

第一组伏打电池

伏打又用小圆铜极板和小圆锌极板以及浸透了盐溶液的硬纸板圆片，做成体积小、含水少的装置，这个装置被叫作“伏打电堆”。为了尊重伽伐尼的先驱性工作，伏打总是称之为“伽伐尼电池”，所以以他们两个人命名的电池实际上是一回事。

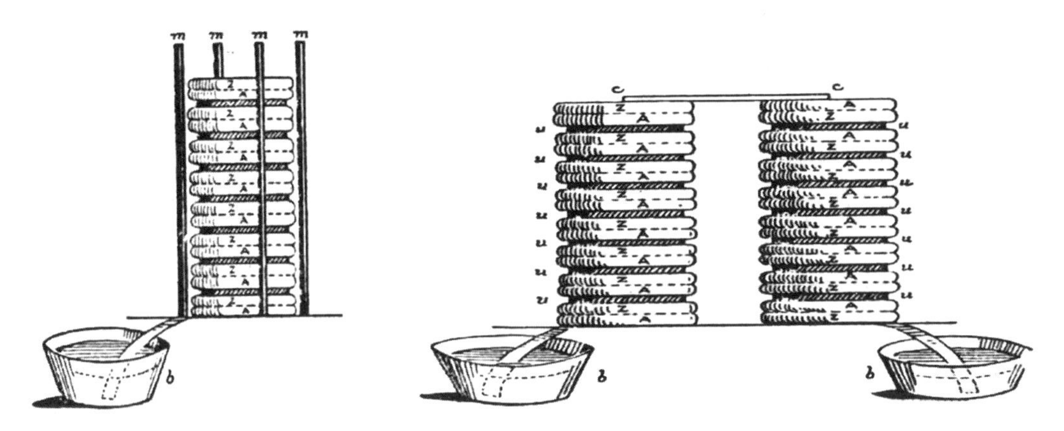

伏打第一种电堆　　伏打第二种电堆

电池的发明使得伏打声名远播，1801 年，拿破仑请他到法国表演他的实验，并为他颁发了金质奖章和勋章。但他最高的荣誉应该是以他的名字命名的电压单位——伏打。

伏打电堆的发明提供了生产恒定电流的电源，使人们有可能从各方面研究电流的各种效应。为此，电学进入了一个研究电流和电磁效应的新时期。

伏打发明的电池虽然还不能作为大规模的工业动力能源，但在实验室里它是一股革命的动力。欧姆（Georg Simon Ohm，1789—1854），德国物理学家，出生于德国东部城市埃尔朗根。欧姆的父亲是个技术熟练的锁匠，爱好数学和哲学。正是父亲对他的技术启蒙，使得欧姆养成了动手的好习惯，这也为他日后从事科学实验奠定了基础。

欧姆

1805 年，16 岁的欧姆进入埃尔朗根大学学习数学、物理和哲学。由于经济困难，他中途辍学，直到 1813 年才完成博士学业。1806 年 9 月，欧姆分别在哥特斯塔特、诺伊弗夏特尔和班贝格中学任数学教师。

欧姆热衷于科学实验工作，但缺少资料和仪器给他的研究工作带来不少困难，他在孤独与困难的环境中始终坚持不懈地进行科学研究，自己动手制作仪器。在傅里叶的传导理论的启发下，欧姆开始进行电学研究。傅里叶假设导热杆两点之间的热流量与这两点的温度差成正比，然后用数学方法建立了热传导定律。欧姆认为电流现象与此类似，猜想导线中两点之间的电流，也许正比于这两点的某种推动力之差，欧姆称之为电张力(electric tension)，这实际上就是电势的概念。为了证实这种猜想的正确性，欧姆下了很大的功夫进行实验研究。一开始欧姆所用的电源是伏打电堆，由于这种电源不稳定，给欧姆的实验带来了很大困难。1821年，塞贝克发明了温差电偶，欧姆采用温差电偶后，终于得到了稳定的电源。

傅里叶

欧姆首先解决电流强度的测量难题，他先是打算用电流的热效应，从热膨胀的效应来测量电流强度。后来，受到扭秤的启发，他自己设计了一种电流扭秤，将电流的磁效应和库仑扭秤结合在一起，通过挂在扭丝下的磁针所偏转的角度来测量电流强度。

1826年，欧姆先后发表了两篇论文，第一篇题为《论金属传导接触点的定律及伏打仪器和希外格尔倍加器的理论》，介绍了他的实验结果。第二篇题为《由伽伐尼电力产生的电现象的理论》，介绍了他的理论推导。1827年，欧姆出版了自己的专著《用数学推导的伽伐尼电路》，他在书中严格推导了电路定律。

欧姆的人生愿望就是到大学当一名教授。1833年，他在尼恩贝格综合技术学校只谋到了一个普通教师的职位。随后他的研究工作逐渐受到关注和尊重，来自德国、英国、俄国、美国等地的科学家都对他的工作表达了肯定和赞许。1841年，英国皇家学会肯定了欧姆的成绩，并授予他科普利奖章；1845年，他被接纳为巴伐利亚科学院院士；1849年，被任命为慕尼黑大学特聘教授；1852年，终于成为慕尼黑大学的正式教授。

欧姆定律的建立在电学发展史上具有重要意义，但是当时欧姆的研究成果并没有得到德国科学界的普遍重视。

三、电磁学的建立过程

早在1731年，一名英国商人偶然发现，雷电过后，他的一箱金属刀叉竟然带上了磁性。1751年，富兰克林也发现在莱顿瓶放电后，放在旁边的缝纫针竟然被磁化了。那么，电会产生磁吗？电和磁究竟是什么关系？1774年，德国一家研究机构甚至给出了这样的题目：“电力和磁力是否存在实际的和物理的相似性？”并悬赏征求答案，一时间吸引了很多人进行实验研究。

丹麦物理学家奥斯特(Hans Oersted，1777—1851)也是实验队伍中的一员，他深信电和磁有某种联系。1820年4月，奥斯特在一次有关电和磁的演讲中，将一个磁针靠近通电导线放置，当他接通电源时，他发现磁针轻微晃动了一下，他马上意识到这正是自己盼望已久的效应。经过反复实验，奥斯特终于证明了电流的磁效应。1820年7月21日，他用拉丁文首次介绍了这个实验。

奥斯特在实验

奥斯特公开这个实验之后，引起了极大的反响。当这个消息传到德国和瑞士以后，正在日内瓦访学的法国物理学家阿拉哥闻讯赶回巴黎，向法国科学院报告并演示了奥斯特的实验，引起法国科学界的极大兴趣。法国物理学家比奥和萨伐尔重新审查了直线载流导线对磁针的作用，确定了这个作用力正比于电流强度，反比于电流与磁极的距离，力的方向垂直于这一距离。安培则从电流与电流之间的相互作用进行探讨，他把磁性归结为电流之间的相互作用，提出了“分子电流假设”，认为每个分子形成的圆形电流就相当于一根小磁针。为此，他设计实验定量地研究了电流之间的相互作用，并在这些实验的基础上进行数学推导，得到普遍的电动力学公式，为电动力学奠定了基础。

阿拉哥

那么，是否可以让磁力产生电流呢？1821年，法拉第(Michael Faraday，1791—1867)就设计了一个实验装置，将电力和磁力间的作用转化成了连续的机械运动。但这个装置充其量只不过是一个科学“玩具”。奥斯特让电流产生了磁力，法拉第所想的是怎样倒过来让磁力产生电流。

法拉第是一名铁匠的儿子，早年做装订学徒工，使他有机会接触许多图书，他常翻阅《大英百科全书》中的电学文章和拉瓦锡的化学教程等。

1821年，法拉第出任英国皇家研究所实验室主任。这一年，英国《哲学学报》杂志邀请法拉第写一篇关于电磁问题的评述，这一契机使得法拉第开始了电磁学的研究。

法拉第

法拉第是一个做事非常认真的人，他在整理电磁学方面的文献时，为了判断各种学说的真伪，亲自做了许多实验进行验证，其中包括奥斯特和安培的实验。在实验过程中，他发现了一个新现象：如果载流导线附近只有磁铁的一个极靠近，磁铁就会围绕导线旋转。反之，如果在磁极周围有载流导线，导线也会绕磁极旋转，这就是电磁旋转现象。

1831 年 10 月 1 日，在关闭第一线圈的电流的一刹那，第二线圈的电流计指针颤动了一下。经过反复实验，法拉第发现只有在打开和关闭第一线圈的电流时，第二线圈内才会产生一股瞬时的电流。这就是感应电流的发现。这种现象被称作电磁感应，是后来一切电动能源的基础。

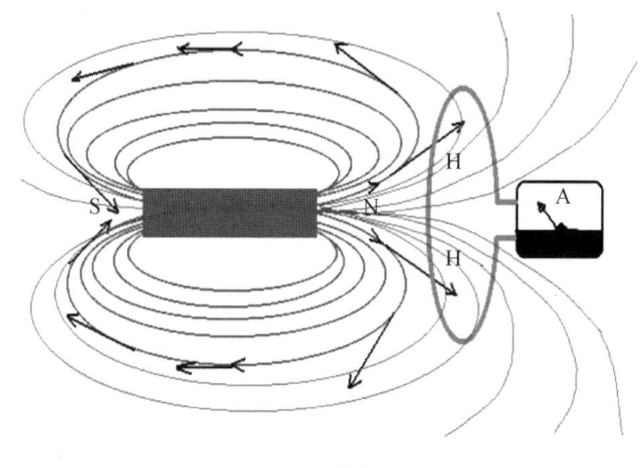

电磁感应

法拉第直观地用磁力线来描述磁体周围的磁场，并用铁屑来演示磁力线的排列。他认为这种力线是很实在的东西，比原子更为实在。感应电流只有当磁力线切割导线时才会产生。

一旦证明磁能产生电，法拉第接下来的工作就是用磁场来产生连续的电流。不久他就造出了世界上第一台磁感应发电机。

要生产出完全实用的发电机还需要许多辅助设备，为了发明这些辅助设备，人类花费了半个多世纪。虽然最终的发电机与法拉第的最初模型看起来毫不相同，但基本工作原理是一致的。

法拉第在回顾自己一生的成就时说："自然科学家应当是这样一种人，他愿意倾听每一种意见，但必须自己作出判断。他不应当被表面现象所迷惑，不偏爱任何一种假设，不属于任何一个学派，不盲从任何一位大师。他应当重事不重人，真理才是他的首要目标。如果有了这些品质，再加上勤勉，那么他就有希望走进科学的圣殿。"①

1867 年 8 月 25 日，法拉第在座椅上静静地逝去。按照他的遗嘱，只有几位家人参加了他的葬礼。他被安葬在海洛特公墓。墓碑上简单地刻着："迈克尔·法拉第，生于 1791 年 9 月 22 日，殁于 1867 年 8 月 25 日。"

法拉第借助于巧妙的实验和直观的图像，成功地用力线模型解释了电磁现象，创造性地提出了力线思想和场的概念，为麦克斯韦的电磁场理论奠定了基础。

---

① 赵峥.物理学与人类文明十六讲[M].北京：高等教育出版社，2008：88.

麦克斯韦(James Clerk Maxwell 1831—1879)在科学史上是可以和牛顿相提并论的人物,他在概括和发展电磁理论方面功绩空前,在分子运动论和统计物理学的发展中也起到了举足轻重的作用。

麦克斯韦原姓克拉克,出身于爱丁堡的名门望族。1841年,麦克斯韦进入爱丁堡公学学习,1847年进入爱丁堡大学,在这里他接受了良好的实验技术和学习方法的训练。1850年转入剑桥大学三一学院,1871年被任命为剑桥大学卡文迪许实验室第一任实验物理学教授。

麦克斯韦从小就有数学方面的天分,15岁时便将如何绘制卵形线的方法写成论文送到皇家学会宣读。在剑桥大学工作期间,麦克斯韦接受开尔文的建议,通读了法拉第的论文集《电学实验研究》,他认识到法拉第的工作极其重要,但有一些关键性的电磁学概念没有解释明白。1856年2月,他发表了电磁学第一篇论文《论法拉第的力线》,文章的重点首先是用数学表示法拉第的见解。

1862年,麦克斯韦发表了电磁学的第二篇论文《论物理的力线》。这篇文章取得了新的成果,从而巩固了电磁理论的基础。在该文中麦克斯韦论述了传递电作用的介质具有什么样的结构、在介质中产生什么样的张力和运动、怎样表示观测到的电磁现象等问题。

按照法拉第的思想,整个空间都充满了由磁力线构成的磁力管,各磁力管都具有横向扩展和纵向收缩的性质。好比旋转着的液体,由于受到离心力的作用,相对转轴在横向扩展,在纵向收缩。麦克斯韦设想,磁力管内充满以太,而且都在做旋转运动,整个空间就被这样的以太漩涡充满。但是这样挤得满满的以太漩涡自身不能很好地同时在同一方向旋转,因此麦克斯韦设想各漩涡之间夹有像滚珠轴承那样的粒子。在这样的模型中,磁场强度相当于漩涡的角速度;电场强度相当于漩涡发生形变时所产生的弹性力;电流强度相当于滚珠轴承粒子的流动强度。现在我们知道,电磁性质与介质弹性毫无关系,也不存在以太涡漩之说。

在第二篇论文中,麦克斯韦引入了位移电流的概念,即由轴承粒子的位移产生的电流。从位移电流概念出发能导出重要的结论。麦克斯韦计算出介质中电粒子振动的传播速度几乎等于当时测得的真空中的光速。于是麦克斯韦大胆作出结论:光和引起电磁现象的情形一样,是以太的横向振动。

1864年,麦克斯韦发表了第三篇电磁学论文《电磁场的动力学理论》,对他的理论进行了重新构造,给出了现在叫作“麦克斯韦方程组”的电磁场偏微分方程组。在这篇论文里,麦克斯韦首次把自己的理论称为电磁场理论。麦克斯韦的电磁场理论是希望通过具有力学特征的介质状态的变化来理解电磁作用。

1873年,麦克斯韦发表了他的电磁理论集大成之作《电磁通论》。他在该书的第一章中写道:“这本书的立场是把带电体之间所观测到的力学作用作为由介质的力学状态引起的来研究。”①在麦克斯韦看来,所谓电磁场就是以太的某种力学状态。

麦克斯韦的理论表明:电与磁不能孤立地存在,哪里有电,哪里就有磁;哪里有磁,哪里就有电。电粒子的振荡产生电磁场,电磁场由振源以固定的速度 c 向外辐射电磁波。

---

① 麦克斯韦.电磁通论[M].戈革,译.北京:北京大学出版社,2010:44.

麦克斯韦进一步预言光由电粒子振荡产生，所以也是一种电磁辐射。电粒子可以以任何速度振荡，所以应该有一整套的电磁辐射，可见光只不过是其中的一部分。

他对电磁波的预言在他去世不久之后就被亨利·赫兹证实了，但他为了解释电磁波在空间传播而精心构建的以太理论被证明是不必要的。他的电磁场方程组不依赖他对以太的解释。麦克斯韦去世后20多年，爱因斯坦几乎推翻了整个“经典物理学”，而麦克斯韦方程组却仍然适用。

第三节　通信技术的发展过程

对无线电通信来说，理论基础由麦克斯韦奠定，亨利·赫兹使得人工制造电磁波成为可能，成果主要体现在三个方面：有线电报、有线电话、无线通信。

作为电学在通信领域的运用，电报是人们最早尝试的一种形式，它大概经历了三个阶段：静电电报、电化学电报和电磁电报。

只有电磁电报才具有实际应用价值，其主要得益于英国威廉·科克、查尔斯·惠斯通和美国塞德尔·莫尔斯的推广。

莫尔斯是一名美国画家，略通化学和电的知识。1832年10月，他在欧洲绘画后乘邮轮回国，在旁观了同船一位博士的电学实验之后产生了发明电报的设想。

通过对电火花的观察，他发现可以突然切断电流，使之产生电火花，电火花是一种信号，没有电火花又是一种信号，没有电火花的时间长度又是另一种信号。这三种信号结合起来可以代表各种数字和字母，这些数字和字母按顺序编排，这样文字可以经电线传送出去，而远处的仪器就把信息记录下来。

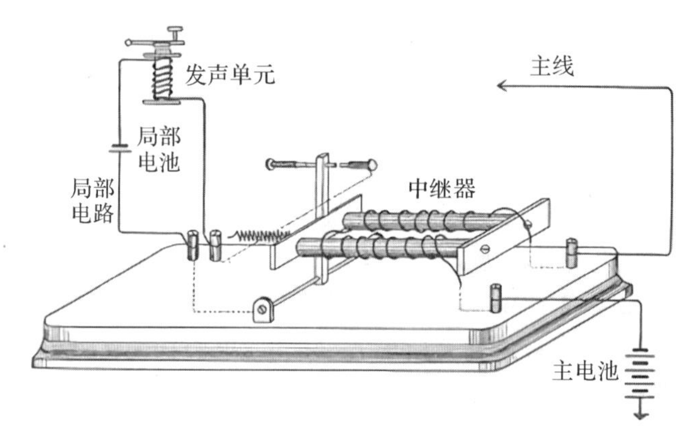

莫尔斯继电器

莫尔斯发明的精华部分是他的电码。发报机送出的电流可以是短的或长的，它给磁铁以相应的作用力，并推动钢笔在纸带上自动记录。

1837年11月，莫尔斯将电报传送到了10英里(约1.6公里)远的地方。1843年，华盛顿和巴尔的摩之间架设起了最早的电报线。1844年5月24日，华盛顿最高法院首次用有线电报进行了公开通信，电文内容取自《圣经》中的“上帝说要有什么，就有什么”。到1848年，除佛罗里达州以外，密西西比和以东各州都进入了电报网。

电话的发明者是美国人贝尔(Alexander Graham Bell,1847—1922)和他的助手华生。他们在1876年2月14日向美国政府递交了电话专利申请。

最初,贝尔致力于研究一种聋哑人使用的“可视语言”。他设想在纸上复制人类语言波的振动,以便聋哑人能够从波形曲线“读”出话来。这个设想最终没有实现。但在多次实验中贝尔发现,当电流导通和截止时,线圈会发出噪声。贝尔想到,要传送人的话语声,必须制造出一种能随语言的音调而振动的连续电流。也就是说,必须用电波来代替传递声音的空气波。这就是贝尔后来设计电话的基本原理。

贝尔

1873年,贝尔辞去了波士顿大学语音学教授的职务,集中精力进行电话的研究。由于实验中要进行送话和收听,必须有两个人才行。一次偶然的机会,贝尔遇到了18岁的电气技师华生。从此两人协同工作,华生还为贝尔补充了他所缺乏的有关电的知识。贝尔一有新构想,华生马上动手制造。

在两年里他们经历了无数次的失败,最后终于制成了一台粗糙的样机。它的工作原理是:在一个圆筒底部蒙上一张薄膜,薄膜中央垂直连接一根炭杆,插在硫酸里,人讲话时,薄膜受到振动,炭杆与硫酸接触的地方会发生变化,导致电阻发生变化,电流也随之发生一强一弱的变化,在接收处利用电磁原理,将电信号复原成声音。这样就可以实现用电流传递声波。

贝尔和华生夜以继日地做实验,但是就是听不到声音。在苦思冥想的时候,远处传来的吉他声启发了他们。他们领悟到:送话器和受话器的灵敏度太低,所以声音微弱,很难辨别。如果像吉他一样装上一个共鸣器,就可以把声音放大了。

1876年3月10日,经过改装后的实验开始了。贝尔和华生隔着几个房间,待在各自的位置上。贝尔刚开始实验,就不小心将电池中的硫酸溅到身上,于是他惊呼起来:“华生,快来这里,我需要你!”在受话器那一头的华生听到了通过电流传来的呼救声,直奔贝尔的房间。

这是人类第一次用电话机传送的语言。这一年贝尔29岁,华生21岁。

有线通信存在一定的局限性:第一是只限于定点之间的通信,无法做到移动目标之间的通信;第二是成本较高,金属导线消耗的金属量巨大,铺设一公里电缆大约需要半吨铜、两吨铅;铺设海底电缆工程浩大,需巨额投资;第三是易受破坏,虽然有线通信有可靠性高、保密性好的特点,但是自然和人为的因素也常造成线路故障。这些局限性促使人们思考是否可以不用导线传输信息。

麦克斯韦关于电磁波的预言和赫兹的证实,为无线通信作了理论和实践上的准备。赫兹的实验鼓舞了其他科学家,他们尝试了各种办法通过无线电波传输信号。

1890年,法国人布兰利发现,封在玻璃管内的金属粉末(铜、铁、铝或镍粉),对一般直流电有很高电阻,因而不导电;但当电磁波通过这些金属粉末时,它们会凝集在一起,电导率大大增加,从绝缘体变为导体。根据这一现象他制成了称为"无线电导体"的接收机。

布兰利

1894年,利物浦大学教授洛奇改进了布兰利的"无线电导体",提高了它的灵敏度并将之改称为"粉末验波器";这台机器在相隔180英尺(约55米)的地方成功地接收到了电磁波。作为教授的洛奇没有意识到他这项工作的实用价值,也没有申请专利。

最后是意大利发明家马可尼将一种无线电报投入实用阶段。

洛奇

马可尼

马可尼家境殷实,没有上过大学,但是把意大利最知名的学者请到了家里来指导他学习物理学。1894年夏天,马可尼在阿尔卑斯山度假时读到一则有关赫兹的工作报道,受到启发。

1894年12月,马可尼的实验获得成功,第一次将信号传送至30英尺(约9.14米)远。到1896年2月,他将信号传送到了1.75英里(约2.82公里)远。他向意大利政府请求资助但未获准,于是带着发报机和收报机来到英国。1896年6月2日,马可尼向英国政府提出了电报专利申请,获得了批准。

1897年,马可尼的收发报距离已经达到10英里(约16公里),同年,以马可尼为主要股东的"无线电报和信号"公司成立。1899年在美国成立子公司,1900年更名为"马可尼无线电报公司"。

1899年,马可尼实现了横跨英吉利海峡的无线电通信。

1901年12月12日,马可尼引人注目地完成了横跨大西洋的无线电通信。虽然当时只用莫尔斯电码发送和接收了一个英文字母"S",但这一试验的成功标志着无线电报开始进入远距离通信的实用阶段。

马可尼和另一位电报技术和阴极射线示波管的发明者、德国人布劳恩共同分享了1909年的诺贝尔物理学奖。

第四节 进化论的建立和遗传学的诞生

纵观进化思想的发展历程，在达尔文提出生物进化论之前，许多科学家就已经试图探索生物进化的机制，其中，从科学的角度探讨物种进化问题的，当属18世纪法国著名的博物学家乔治·布丰。布丰对于“进化论”的观点，主要体现在他编著的《自然史》中，他的这些观点，为后续研究“进化论”的学者指明了方向。布丰对于进化思想的主要贡献，并不完全限于其学术著作本身，更在于他亲手培养了进化论的奠基人拉马克。

拉马克是第一个从科学角度提出进化论的学者，在生物进化论方面本应占有一席之地。然而在他所处的时代，神创论在欧洲大肆盛行，他面临着来自各方面的压力。此外，由于他当时列举的进化事实不充足，获得性遗传假说没有得到实验验证，以致他的学说没有得到应有的重视。然而随着达尔文学说的成功，在法国涌现出许多进化论的支持者，他们被称为“新拉马克主义者”。这个研究群体的主张主要有三个方面：一是在生物演化的动力机制上，赞成“用进废退”和“获得性遗传”的观点；二是在生物演化的动因方面，虽然承认内因，即生物体本身固有的遗传和变异特性，但更加赞成环境因素的作用；三是在生物的身体结构和生理结构方面，他们认为生理结构决定了身体结构。无论是拉马克本人还是“新拉马克主义者”，他们都没有形成严密完整的体系，但是他们的研究和论述却为生物进化论的最终形成和发展打下了基础。

达尔文

达尔文(Charles Robert Darwin，1809—1882)，进化论的捍卫者，出生于英国舒兹伯利的一个医生世家，祖父是医生兼地质学家和博物学家，父亲也是医生，他们希望达尔文长大后也成为医生。但达尔文的兴趣却在于搜集各种贝壳、印签、邮票、矿物标本等。1825年10月，达尔文中学还没有毕业，父亲就将他送进爱丁堡大学学习医学，但达尔文对于外科手术却极其恐惧，不得不中断学业。1828年新年刚过，达尔文便进入了剑桥大学的基督学院，这里的课程设置也没有引起达尔文的兴趣，虽然他迫于父亲的压力，各门功课考试成绩还都不错，但他的兴趣仍然是在课外去狩猎、郊游和收集各种各样昆虫的标本。在剑桥大学学习期间，达尔文结识了植物学教授亨斯洛，在亨斯洛教授的影响下，达尔文选修了自己本来不感兴趣的地质学。正是对这些功课的认真学习，为达尔文日后从事科学研究奠定了基础。

1859年11月24日，达尔文出版了生物学史上划时代的巨著《物种起源》。这是一部与哥白尼的《天体运行论》、牛顿的《自然哲学之数学原理》可以用媲美的鸿篇巨制。达尔文在《物种起源》的引言部分讲述了物种起源思想的发展过程，提到了布丰和拉马克对进化思想的贡献。在绪论中，达尔文介绍了他一生中两次对进化学说有重大影响的科学实践，一次是1831年刚从剑桥大学基督学院毕业便开始的环球旅行，这次旅行是以船长的高级陪同和兼职博物学家的双重身份进行的，历时五年。旅行期间达尔文广泛搜集和深入观察了大量的自然物种变化的事实，对年轻的达尔文头脑中的自然神学观念产生了强烈的冲击。另一次实践便是他在农作物的人工培植和家养动物的人工饲养上直接和间接的工作经验。《物种起源》第一章至第五章描述的是自然选择和万物共祖学说的建立，这些内容正是进化论的核心；第六章至第十章阐述了进化论遇到的各种难题及其化解途径；在第十一章至第十五章中，达尔文讲述了生物的时空演化交替证据以及亲缘关系对进化理论的支撑。

《物种起源》的写作并非一帆风顺，早在1842年达尔文就列出了写作提纲，到了1844年又写了一个更长的提纲，但达尔文是一个十分严谨的人，他总是觉得应该收集更多的资料和证据，所以迟迟没有完成写作。1858年夏天，一封来自马来半岛的信件打破了这一局面，信是一个自称华莱士的青年学者写的，并附上了自己的一篇论文摘要，论文的题目是《论变种与原型不断歧化的趋势》，写信的目的是征求达尔文对这篇论文的看法。达尔文看到这篇论文后惊诧不已，这篇短文与自己之前写的提纲几乎一模一样，达尔文说："即使华莱士手中有过我在1842年写的那个提纲，他也不会写出一个这样的摘要，甚至他用的术语现在都成了我那些章段的标题。"①

华莱士

这件事情对达尔文的打击很大，他甚至一度心灰意冷，不想写书了。好朋友赖尔听说这件事后，出面主持了公道，他让华莱士的论文和达尔文的写作提纲同时发表，并督促达尔文尽快完成写作。

《物种起源》出版后，达尔文就遭到了来自四面八方的压力，这些压力有来自宗教方面的批评，也有来自科学界的质疑。达尔文也一度抱怨自己太过着急，本来他要用更为充分的论据来论证，使得人们不得不接受进化论观点，现在却使自己陷入无尽的批评之中。

尽管社会上围绕进化论问题争论不休，但达尔文却不愿在争论中浪费时间，他深居简出继续整理研究新材料，不断完善和修改进化理论。继《物种起源》之后，1868年达尔文完成了《动物和植物在家养下的变异》，1871年完成了《人类的由来及性选择》，1872年完成了《人类和动物的表情》，1871年《食虫植物》出版，1876年《植物界异花受精和自花受精》出版，1877年《同种植物的不同花型》出版。1881年，他的最后一本书《可耕土壤的形成与蚯蚓的运动》出版。

1882年4月19日，这颗耀眼的科学之星陨落了，享年73岁。他被安葬在威斯敏斯特教堂，与牛顿为邻。这是他应得的荣誉，也是对一位伟大的科学工作者的最高礼遇。

达尔文在总结自己的工作时说："作为一个科学工作者，我的成功取决于我复杂的心理素质，其中最重要的是热爱科学、善于思索、勤于观察和收集资料，具有相当的发现能力

---

① 达尔文. 物种起源[M]. 舒德干，译. 北京：北京大学出版社，2018：13.

和广博的常识。这些看起来的确令人奇怪，凭借这些极平常的能力，我居然在一些重要的地方影响了科学家的信仰。”①

想一想

1. 19世纪的科学研究取得了哪些成果？
2. 从法拉第与麦克斯韦的科学经历中，你悟出了什么道理？
3. 电磁波的发现与通信技术的实现对人类当代生产生活产生了什么样的影响？
4. 如何理解人类区别于动物的标志是对自身的领悟？

好书推荐

1. 麦克斯韦，《电磁通论》，戈革译，北京大学出版社，2010.
2. 史蒂芬·温伯格，《给世界的答案》，凌复华、彭婧珞译，中信出版社，2016.
3. 达尔文，《物种起源》，舒德干译，北京大学出版社，2018.
4. 马克思·玻恩，《我这一代的物理学》，侯德彭、蒋贻安译，商务印书馆，2015.

拓展与延伸

① 同上：32.

第十章　20 世纪的科学技术成就

扫一扫，看视频

18 世纪末到 19 世纪上半叶，欧洲是法国人主宰的世界，19 世纪下半叶的普法战争，因争夺欧洲大陆霸权和德意志统一问题而爆发，以法兰西第二帝国的垮台和法国资产阶级政府的投降而告终。普法停战后，《法兰克福条约》规定，法国割让阿尔萨斯和洛林给德国，并赔款 50 亿法郎。这场战争的胜利使得德国人有了新的欲望，他们要大力发展工业，改变原来以农业为主的单一发展的局面。

当时的科学技术水平以电力工业开始出现为标志，发电机、电动机、电灯、电报、无线电通信技术相继问世；许多化学元素被发现，化学工业开始出现，化学理论日益完善。牛顿的力学体系已达到顶峰，麦克斯韦的电磁理论业已问世，达尔文发表了进化论；火车的普及使交通运输大众化，工业化得到了进一步的发展。

第一节　围绕黑体辐射问题展开的科学研究

德国因战争得到的阿尔萨斯和洛林地区富含铁矿石，这为大炼钢铁提供了可能。但是在炼钢的过程中德国人遇到了技术性问题：如何测量和控制钢水的温度？许多科学家和技术人员经过深入细致的研究后发现，在炼钢炉上开一个小孔，从小孔中辐射的能量分布竟然是一条曲线，后被命名为“黑体辐射曲线”。正是对这条曲线的研究，使得柏林帝国物理技术研究所的实验物理学家在工业界的支持下开始测量黑体的辐射谱。当时普遍认为研究黑体辐射可以提高照明和采暖技术。然而，这条研究之路前期的艰难和后期的收获都大大超出了人们的预想。

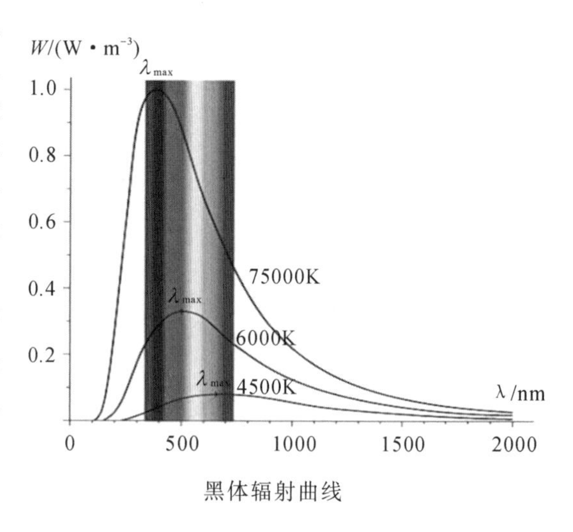

黑体辐射曲线

最早研究黑体辐射的是俄裔德国物理学家基尔霍夫（Gustav Robert Kirchhoff,

1824—1887)，出生于柯尼斯堡(今俄罗斯加里宁格勒)。1859 年，基尔霍夫做了用灯焰烧灼食盐的实验，在对这一实验现象的研究过程中，得出了关于热辐射的定律，后被称为基尔霍夫定律。基尔霍夫指出：任何物体对电磁辐射的发射本领和吸收本领的比值与物体特性无关，是波长和温度的普适函数，即与吸收系数成正比。1862，他的研究表明黑体辐射是普适的，和构成黑体的具体材料无关。

基尔霍夫

1896 年，德国物理学家维恩(Wilhelm Wien，1864—1928)通过对空腔辐射实验中发射热辐射的研究，得到了辐射频率与空腔温度之间的一个关系式。这个关系式表明黑体的辐射功率和辐射频率之间有一个普适的关系。这个关系式在 1897 年再一次被德国汉诺威技术学院的弗里德里希所证明。然而，时隔不久，从柏林帝国物理技术研究所传来新的实验证据：维恩的关系式在低频率时并不适用。

维恩

瑞利勋爵

1900 年 6 月，英国物理学家瑞利勋爵(Lord Rayleigh，1842—1919)通过对空腔辐射的理论研究，得到了一个新的公式，这个公式符合经典逻辑推理，但计算中有一个错误。瑞利的同胞詹姆斯·金斯在 1905 年发现了这一错误并进行了纠正，这一公式后来就叫瑞利-金斯公式。1911 年，这个公式被奥地利物理学家保罗·埃伦费斯特称为“紫外灾难”，因为这个公式得出了空腔辐射的强度与辐射频率的平方成正比的关系，也就是说，在波长较短或者说频率较大时，辐射出的总能量会迅速增大到极高的水平。但是这个公式得到的结果在低频率时却与实验曲线相吻合。

从 1894 年开始，德国物理学家普朗克(Max Karl Ernst Ludwig Plank，1858—1947)开始着手研究空腔辐射理论，1896 年他读到了维恩关于黑体辐射的论文，对于论文中的公式只有在短波的范围内才能正确描述实验结果这一事实深感遗憾。在接下来的五年左右时间里，普朗克在黑体辐射方面发表了一系列文章，但没有实质性的突破。他只是用新的方法重新得到了前人的结果，比如维恩的黑体辐射公式。

第二节　打开微观世界的大门

早在古希腊时期，德谟克利特就认为物体不可能无限地被分割，必然存在着终极的粒子，他把这种终极粒子叫作原子(atom)。它的希腊文 atomos 原意是“不可分的”。这个概念在 19 世纪初被英国化学家道尔顿再一次采用，他通过实验提供了可靠的证据，定量地考虑了原子问题，编制了第一个原子量表。而真正打开原子世界大门的是英国物理学家汤姆森(J. J. Thomson，1856—1940)。

道尔顿

汤姆森

19 世纪末，物理学家注意到一种阴极射线现象。1897 年，汤姆森在实验中证实阴极射线在电场中偏转，从而断定阴极射线是一种带电粒子。他进而测定了阴极射线粒子的荷质比，发现这种粒子的质量只有氢原子质量的一个很小的分数值(现在值为 1/1837)。汤姆森被认为是电子的发现者，于 1906 年获诺贝尔物理学奖。

汤姆森是个少年天才，14 岁上大学。1884 年，年仅 28 岁的他被聘为剑桥大学的卡文迪许实验室教授，从数学和理论物理学家转变为实验物理学家。1897 年，汤姆森细致地研究了阴极射线，通过对阴极管进行高真空处理，他精确测量了阴极射线粒子的性质。汤姆森发现无论阴极是什么材料，它发射出的粒子的质量和电荷都是一样的，而且这个粒子的质量远远小于氢原子的质量。汤姆森发现的这个粒子就是电子。基于这个发现，汤姆森开始利用自己深厚的理论功底建立原子的模型，他认为原子是个球状的带正电荷的胶质物，点状的电子一个个嵌于其中。

1895 年 11 月 10 日，德国物理学家伦琴(Wilhelm Konrad Rontgen，1854—1923)在做阴极射线实验时，偶然发现了一种新的辐射，它能轻易穿透一些如纸张之类不透明的物质。伦琴称其为 X 射线。

伦琴发现的 X 射线引起了法国物理学家贝克勒尔(Antoine Henri Becquerel,1852—1908)的兴趣。因为伦琴是通过荧光材料所发出的荧光发现 X 射线的,所以贝克勒尔想知道是否有荧光材料放出 X 射线。1896 年 2 月,贝克勒尔将感光片包在黑纸里放到阳光下,再将荧光物质的晶体压在上面。他的设想是:太阳光照射晶体产生荧光,如果荧光中有 X 射线,那么它就能穿透黑纸使底片曝光。

果然,底片冲洗出来后,上面有了阴影。这证明有放射线穿透了黑纸,贝克勒尔断定荧光确实放出了 X 射线。

伦琴

贝克勒尔

接着数日阴天,无法到太阳底下做实验。贝克勒尔只好将包好的底片放进抽屉,上面还是压着那块荧光物质的晶体。由于接连几天没有太阳,贝克勒尔决定将抽屉里的底片先洗出来看看,也许晶体里残存的荧光能使底片出现微弱的阴影。

结果出乎贝克勒尔所料,底片上产生了很多阴影。显然,这些阴影与太阳无关,与荧光无关,而与晶体本身有关。贝克勒尔用的晶体是一种铀的化合物——硫酸双氧铀钾,由此他便发现了铀能自发辐射出能量。居里夫人在 1898 年将这种现象命名为放射性。

X 射线和铀的放射性激发了居里夫人(Marie Curie,1867—1934)对放射线的研究兴趣。在研究中,她发现某些铀矿物的放射性特别强,并断定这额外的放射性是由未知的放射性元素造成的。为了寻找这种未知元素,她的丈夫皮埃尔(Pierre Curie,1859—1906)也加入她的工作中来。

1898 年 7 月,居里夫妇从铀矿中分离出一小点新元素的粉末,这种新元素被命名为钋,放射性比铀强数百倍,但这还不足以说明一些铀矿石强烈的放射现象。

居里夫妇

1898年12月，居里夫妇检测出了放射性更强的物质，并将其命名为镭。1902年，经过无数次的结晶处理，他们终于成功制出1/10克的镭。

1903年，居里夫妇因对放射线的研究与贝克勒尔分享了该年度的诺贝尔物理学奖；1911年，居里夫人又因发现两种新元素而获得诺贝尔化学奖。

居里夫人发现了两种新元素钋和镭，创立了放射化学，是原子核物理学的奠基人。在她的指导下，人们第一次将放射性同位素用于癌症治疗。居里夫人作为母亲不仅培养了两个优秀的女儿，居里实验室还培养了许多像施士元、钱三强、何泽慧等优秀的科学家。她在巴黎和华沙所创办的居里研究所至今仍是重要的医学研究中心。爱因斯坦曾评价居里夫人"大概是世上唯一不为名利腐蚀的人"。

作为汤姆森的学生，英国物理学家卢瑟福(Ernest Rutherford，1871—1937)却对汤姆森的原子模型产生了质疑。于是他决定用一种新粒子当作炮弹来轰击原子，以探索原子的内部结构。

卢瑟福

当时的物理学家从放射性研究中掌握了一种叫作α的新粒子。卢瑟福知道α粒子其实就是从不稳定的原子发射出来的具有极高能量的氦离子束。当α粒子在与原子带电部分发生相互作用时，会偏离原来的路径，由此产生的α粒子散射，可以揭示原子内部电荷分布的情况。

卢瑟福将α粒子流射到不同的金属薄片上，并对穿过薄片后向不同方向散射的α粒子进行计数。根据计数结果，卢瑟福发现α粒子穿过金属薄片后的散射是相当显著的。虽然多数粒子保持原来的运动方向，但有不少粒子偏转了很大角度，有的甚至被撞回来了。这个结果与汤姆森原子模型预言的结果完全不符。换句话说，如果汤姆森的模型正确，就不会出现这种异常的实验结果。

卢瑟福通过分析，认为对此现象唯一可能的解释是：原子的中心含有一个很小的核，这个核带有正电并且拥有原子的所有质子，所以也几乎拥有原子的所有质量。为了判断这一假设正确与否，需要根据力学定律导出一个公式，来计算α粒子在离排斥中心不同的距离处通过时所偏折的大小。

理论计算不是卢瑟福的长项，他把这个问题交给了年轻的数学家福勒，计算的结果正像卢瑟福预言的那样，与观测到的散射曲线非常相符。

1911年，卢瑟福根据α粒子散射实验，发表了原子的核式结构模型：原子是由电子和一个小而重的核组成，电子在库仑力作用下绕核转动。

至此，新的原子结构模型——核式结构模型诞生了。

按照卢瑟福的原子模型，原子像一个微型的行星系，电子在库仑力的作用下绕原子核转动。但是新的问题出现了，一个绕原子核快速转动的电子相当于一个电振子，它会发射出电磁辐射，从而很快失去能量。不难算出，电子会沿螺旋线在一亿分之一秒的时间内落到原子核上，这样的原子是不稳定的。面对质疑，卢瑟福这样回应："关于所提的原子稳定性问题，现阶段尚未考虑进行研究……但是，我们的科学事业除了今天还有明天！"接着他给出了研究方向："显然，原子的稳定性与原子精细结构有关，并且与其中带电粒子的运动有关。”

尼尔斯·玻尔(Niels Bohr,1885—1962),出生于丹麦首都哥本哈根,从小接受到良好的家庭教育。他是世界著名的物理学家,1920 年创办了哥本哈根理论物理研究所,在玻尔的领导下,这里聚集了来自世界各地优秀的量子物理学家。由于对原子结构和原子放射性研究的贡献,1922 年玻尔被授予诺贝尔物理学奖。

玻尔

1912 年早春时节,玻尔离开剑桥来到曼彻斯特。在这里他不仅遇到了一位出色的导师卢瑟福,而且取得了他梦寐以求的研究进展。尤其是卢瑟福对科学的敏锐和待人的宽厚态度都对玻尔产生了很大的影响。

为了解决卢瑟福面临的难题,玻尔开始与卢瑟福展开合作研究。显然,从原子核式结构模型看来,一个原子在经典力学下是不稳定的。当然,事实并非如此,原子是完全稳定的结构。

玻尔认为,再难的问题总会有办法解决。如果假设辐射能量只能取一定的最小数量或者是其倍数,原子中电子的运动和它们所发射的光都是量子化的,电子从原子的高量子态跃迁到低量子态时就会发射光量子 $h\nu$,其能量等于两能态之间的能量差。反之,如果有一入射光量子 $h\nu$ 等于给定一原子的基态与激发态之间的能量差,此光量子就会被吸收,电子就能从低能态运动到高能态。如果电子在从能态 E_3 跃迁到能态 E_2 时发出一能量为 $h\nu_{32}$ 的光量子,从 E_2 跃迁到 E_1 时发出能量为 $h\nu_{21}$ 的光量子,那么我们就应该能观测到能量为 $h\nu_{32}+h\nu_{21}=h(\nu_{32}+\nu_{21})$ 的光量子,相当于从 E_3 跃迁到 E_1。

类似的,如果原子能够发射能量为 $h\nu_{31}$ 和 $h\nu_{32}$ 的光量子,那么它应该也能够发射能量为 $h\nu_{31}-h\nu_{32}=h(\nu_{31}-\nu_{32})$ 的光量子。就是说,如果在一给定原子的光谱中测到某两个发射频率,则频率等于它们之和及它们之差的谱线也可以在光谱中找到。这就是所谓的“里德堡原理”,它是瑞典光谱学家里德堡在量子论问世很久之前在实验中发现的。

1913 年,玻尔发表了他的能级原子模型,完全摆脱了以前的力学观点,对当时业已发现的氢原子谱线系——巴尔末系作出了巧妙的解释。

玻尔是明确将量子假说应用于原子模型并取得辉煌成就的第一位科学家。在以后几年里,玻尔的原子结构理论一直在顺利发展。但玻尔的理论在达到顶峰之后,它所包含的矛盾也开始显露出来。玻尔的氢原子模型过于简单,无法解释谱线的精细结构,对于比氢原子更复杂的元素,玻尔没有能够给出满意的原子模型。

玻尔不仅是一位优秀的科学工作者,更是一位优秀的导师,他的周围集结了许多热爱科学的年轻人。我国著名的科学家周光召说:“玻尔研究所既是一个严肃认真的研究场所,又是一个充满生趣和亲密无间的大家庭。开玩笑和恶作剧成为研究生活的一个有益的补充,以强调合作和不拘小节、完全自由的争论和独立的判断为特征的研究风格,被人们誉为哥本哈根精神。”①

① 玻尔.玻尔讲演录[M].戈革,译.北京:北京大学出版社,2017:13.

第三节　量子理论的诞生

正当玻尔的理论面临严重障碍而处于停滞状态时，一批年轻的物理学家建立了一种新的量子力学。

1923年，31岁的法国物理学家德布罗意(Louis de Broglie，1892—1987)引入物质波的概念，指出电子不仅是粒子，也是波。能量和动量体现电子的粒子性，波长和频率体现的是电子的波动性，将它们联系在一起的正是普朗克常量。

德布罗意

1924年，德布罗意建立了波动力学基础。德布罗意认为物质粒子的运动伴随着某种引导波，这些波伴随粒子一起在空间传播。德布罗意的工作首先得到了爱因斯坦的肯定："他揭开了那个厚重面纱的一角。"1924年12月，爱因斯坦在给荷兰物理学家洛伦兹(Hendrik Lorentz，1853—1928)的信中这样评价："德布罗意对玻尔-索末菲量子规则的诠释，非常吸引人，我认为，这是照亮我们最黑暗物理谜题的第一道微弱的亮光。"

1925年，24岁的德国物理学家海森堡在德国物理学家——43岁的波恩和23岁的约尔丹的帮助下创立了矩阵量子力学，对运动学和力学的各个方面给出了量子论的解释。

海森堡

薛定谔

1926年，38岁的德国物理学家薛定谔建立波动力学，提出了量子力学的波函数形式：电子并不是在环绕原子核公转，而仅仅是在核周围形成的一种"驻波"，所以位于某特定轨道上的电子并没有加速运动，因而也就不会辐射能量。

1927年，26岁的海森堡提出测不准原理：粒子的位置和动量的不确定度的乘积绝不能小于普朗克常数除以2π。玻尔进一步提出了量子力学的互补思想：两个量，在测量其中一个量时妨碍了同时对另一个量的测量精度，那么这两个量就是互补的。

同一年，在意大利科莫为纪念伏打逝世100周年而举行的国际物理学讨论会上，玻尔作了关于量子力学的报告，被看作量子力学的正式成立仪式。

而在1927年10月举行的第五届索尔维会议上，量子理论的奠基人普朗克、爱因斯坦、玻尔、德布罗意以及量子力学的新生代科学家玻恩、海森堡、泡利、薛定谔、狄拉克等悉数到场。会议由洛伦兹致开幕词，英国物理学家威廉·L.布拉格作首场讲座。也正是在这次会议上，爱因斯坦与玻尔开始了关于"上帝是否掷骰子"的著名争论。玻尔后来谈起这次会议时说："我们几个参会的人急切地想知道爱因斯坦对物理学最新进展有何感想。在我们看来，这些最新进展有利于阐明他早期提出的那些问题。"

第五届索尔维会议合影

第四节　爱因斯坦与相对论

到19世纪末，经典物理学在力学、热力学与统计物理、电动力学等方面都取得了一系列的成就，大多数物理学家都认为物理学的"皇宫"已经落成，剩下的工作只是"锦上添花"而已，如常数测得更准确一些，或者公式推导得更完备一点。1900年4月27日，在英国皇家学会迎接新世纪的年会上，著名物理学家开尔文勋爵作了展望式发言。他在回顾过去岁月时充满自信地说："物理学已经被认为是完成了，下一代物理学家可以做的事情看来不多了。"但开尔文也在发言的结尾中提到："只是明朗的天空中还有两朵令人不安的小小乌云。"一朵与黑体辐射实验有关，另一朵与美国两位科学家A.A.迈克尔逊和E.W.莫雷所做的实验有关。

一、爱因斯坦的生平

1879 年 3 月 15 日，阿尔伯特·爱因斯坦(Albert Einstein)诞生于德国乌尔姆一个犹太小资本家的家庭。

幼年爱因斯坦

爱因斯坦从小就沉默寡言，不喜欢学校那种常规呆板的学习方法，却喜欢看课外的科普读物和独立思考问题。四五岁时，他对于罗盘的指针以确定方式运动好奇不已；12 岁时，欧几里得一本几何小书中的严谨证明使他惊奇万分。16 岁那年，他来到瑞士的阿劳中学学习，这所学校给学生以充分的自主和自由，爱因斯坦一生中对学校很少存有好印象，只有阿劳中学是个例外。他晚年时回忆道，“这所学校用它的自由精神和那些毫不仰赖外界权威的教师的淳朴热情培养了我的独立精神和创造精神，正是阿劳中学才成为孕育相对论的土壤”。在阿劳州立中学上学时，他无意中想到一个悖论：如果以光速 c 追随一条光线运动，那么就应该看到，这样一条光线就好像一个在空间震荡而停滞不前的电磁场，可是无论根据经验还是麦克斯韦方程，看起来都不会发生这样的事情。实际上，这个悖论包含着相对论的萌芽，爱因斯坦为此整整思索了十多年。

孩提时代的爱因斯坦

1896 年，爱因斯坦在阿劳州立中学以 9 个毕业生中最优异的成绩通过了毕业考试。两周后，他在苏黎世联邦理工学院这座享有盛名的学府的教育系开始了大学学习，这是一个培养数学、物理教师的系，所开课程主要是数学和物理，闵可夫斯基、韦伯等著名数学、物理教授在那里授课。但爱因斯坦仍然像中学时一样不服从教学计划的安排，他有自己的一套学习方法，宁愿去阅读当时一些大科学家写的著作，而不愿去听课。幸亏他的好友格罗斯曼勤奋认真且成绩优秀，而且在考试前的关键时刻，乐于把自己的笔记借给他用，爱因斯坦才顺利通过考试，并有空读了不少有用的图书，思考了许多物理学的基本问题。1900 年夏，爱因斯坦大学毕业，获得了数学和物理学教师专业证书。离开学校的爱因斯坦在求职过程中尝尽了辛酸，经济的拮据使得爱因斯坦不得不到处找工作。1902 年，爱因斯坦终于在伯尔尼的发明专利局得到一个固定的工作，虽然只是最初等的三级职员，但毕竟有了一份稳定的收入。他在艰苦的条件下，继续思考着科学中最重要的问题。在那里他成立了一个被称作“学术奥林匹克”的研讨俱乐部，阅读了大量的科学和哲学著作，为以后的科学思想奠定了基础。

最初他研究毛细现象，然后研究布朗运动、光电效应和时空理论，发表了一系列重要论文。应该说，他发表的论文总数并不算多，但质量非常高，其中任何一篇都够得上诺贝尔奖的水平。

1900 年 12 月 14 日，在德国物理学会的一次会议上，普朗克提出了能量量子化的概念，给出了著名的普朗克公式 $E=h\nu$，其中 E 是辐射量子的能量，ν 是辐射的频率，h 是一个常数，就是现在的普朗克常数。

青年时期的爱因斯坦

普朗克的论文开创了量子论，标志着近代物理学的开端。但是在当时的学术界却遭到了冷遇，许多科学家不相信能量是分立的，更重要的是他们不愿意接受“能量量子化”的概念，甚至普朗克本人也对此不是完全笃定。然而，年轻的爱因斯坦发展了普朗克的量子论。他认为，辐射本质上就是不连续的，不论在原子发射、吸收的时候，还是在传播过程中，它们都是一份一份的。因此爱因斯坦在《关于光的产生和转化的一个试探性观点》这篇论文中发展了普朗克提出的量子论，首次提出**光量子**的概念，并且成功对光电效应实验现象进行了解释。他提出发射出的电子能量由公式 $E=h\nu-w$ 决定。w 是金属逸出功，$h\nu$ 是入射光量子的能量，是能量交换的最小单位。当一个光量子击中金属表面并与其中一个电子发生作用时，便将它的全部能量都传给了电子。如果光量子的能量小于金属逸出功，电子从光量子那里得不到足够的能量穿出金属表面，因而不会发生光电效应。而当光量子的能量大于金属逸出功时，就开始发射电子，而且电子能量随入射光频率线性增加。

这样，爱因斯坦就成功地解释了光电效应的神秘现象，并有力地支持了普朗克关于辐射量子的观念。

1921 年的诺贝尔物理学奖授予爱因斯坦，就是因为他在光电效应方面的杰出贡献。

1905 年 4 月，爱因斯坦完成了他的博士论文《分子大小的新测定》，在这篇论文中，他将经典的流体动力学与扩散理论相结合，创造了一种测定分子大小和阿伏伽德罗常数的新方法，并且将此方法用于糖分子溶液。1905 年 5 月，爱因斯坦完成了关于布朗运动的论文《关于热的分子运动论所要求的静止液体中悬浮小粒子的运动》，间接证明了分子的存在。1905 年 6 月，爱因斯坦完成了题为《论动体的电动力学》的论文，提出了狭义相对论，这篇文章后来被称为狭义相对论的第一篇论文。在这篇论文中，爱因斯坦认为：一切物理定律在所有惯性系中是等价的；光在真空中的传播速度为一常数 c，与光源和观测者的运动状态无关；并且抛弃了被认为是充满空间的以太和绝对的时空观。1905 年 9 月，爱因斯坦完成有关质能关系式的论文《物体的惯性是否与它所含的能量有关？》，指出能量等于质量乘光速的平方，即 $E=mc^2$，此关系式是制造原子弹的理论基础。

1909 年，爱因斯坦明确地提出了光的波粒二象性，结束了长达数百年的“波粒”之争，可以理解为波动性与微粒说的一种统一。

在狭义相对论提出 10 后的 1915 年，爱因斯坦又发表了广义相对论，广义相对论实际上是一个关于时间、空间和引力的理论。狭义相对论认为时间、空间是一个整体，能量、动量是一个整体，但没有指出时间—空间与能量—动量之间的关系。广义相对论进一步指出了这一关系，认为能量—动量的存在，会使四维时空发生弯曲。万有引力并不是真正的力，而是时空弯曲的表现。如果物质消失，时空就回到平直状态。

爱因斯坦给出了广义相对论的基本方程，这个方程被称为“爱因斯坦场方程”。广义相对论认为，质点在万有引力作用下的运动，是弯曲时空中的自由运动——惯性运动。它们在时空中描出的曲线，虽然不是直线，却是直线在弯曲时空中的推广——“测地线”，即两点之间的最短线或最长线。当时空恢复平直时，“测地线”就成为通常的直线。

爱因斯坦发表广义相对论的时候，求出了场方程的一些近似解。他同时提出了三个检验广义相对论的实验：引力红移、轨道进动、光线偏折，并且预言了引力波的存在。

近几十年来，广义相对论迅速发展，在空间物理、天体物理、宇宙学等方面取得了巨大进展，在科学史上树立了一座重要的里程碑。

二、狭义相对论产生的历程

1900 年，开尔文勋爵在英国皇家学会的新年庆祝会上所说的第二朵“乌云”，与光的电磁理论有关。这是因为，当时对光的认识有两种观点——一种是以牛顿为代表的“微粒说”，认为光是一种粒子；另一种是以惠更斯为代表的“波动说”，认为光是一种电磁波。当时有人提出，既然光波本质上是电磁波，那么它就应该有载体，这个载体又是什么呢？于是有人重新把古希腊哲学家亚里士多德曾经假设的物质“以太”提出来了，以太被认为是一种无孔不入、无所不在的物质。1861 年，麦克斯韦把光看成是一种以波的形式通过以太传播的电磁扰动，使以太理论达到顶峰。这时一个自然的问题是：如何证明以太的存在呢？

开尔文勋爵

1879 年，麦克斯韦在致美国天文年鉴局的一封信中提出了测定太阳系相对于传播光的以太的运动速度的一个方案。美国物理学家迈克尔逊（A. A. Michelson，1852—1931）看到公开发表的麦克斯韦的信之后，着手尝试去做这个实验。

1881 年，迈克尔逊用他所发明的一种空前灵敏的仪器——迈克尔逊干涉仪测量地球相对于以太的运动，结果没有发现这种运动的存在。1887 年他与物理学家莫雷改进了这个实验，在更高的精度上证明了地球相对于以太不存在运动。

迈克尔逊

实验的结果使当时的每一个人都感到惊奇，因为在实验误差内竟然完全没有发现条纹的移动。这个实验后来由不同的人在不同的季节和不同的地点多次重复过，都得到了相同的结果。

实验证明了以太不存在，即使真的存在以太，也不可能测出相对于它的速度，即以太不可能作为一个参考系，更不用说“绝对参考系”了；实验结果暗示了这样的事实：真空中的光速在任何惯性参考系中测量都是一样的,与观测者的运动无关。

迈克尔逊-莫雷实验证明了光在真空中传播速度是不变的这一事实。无论是靠近光源还是远离光源,光的速度总是不变的。实验结果与传统的速度合成法则产生了尖锐的矛盾。爱因斯坦敏锐地觉察到这一问题,他意识到,光速与参考系无关,这是一条重要的原理,也就是他的狭义相对论的一个基本假设和出发点,称为光速不变原理。它可以表述为:真空中光的传播速度在各个方向都是相同的,与光源和观察者的运动无关,也就是说,光速在所有参考系中都是一样的。例如,有一艘来自中国"天宫"空间站的神舟飞船,空间站上一闪光的速度为 c,无论飞船的速度如何,闪光经过飞船时速度总是 c,如果飞船向空间站发出一闪光,空间站的观测者测到的光速仍然是 c。无论飞船是静止还是运动,无论是飞向空间站还是远离空间站,光速总是一样的。

爱因斯坦指出,宇宙中没有一个绝对静止的物体能够用来测量运动的物体,所有的运动都是相对的,所有的参考系都是任意的。一艘宇宙飞船不可能测量它本身相对于太空的速度,只有依赖于其他物体才能测量。比如,飞船 A 在太空经过飞船 B,A 和 B 相互观察到的只是相对运动,一方无法判断另一方是运动还是静止。

狭义相对论的另一个基本原理是相对性原理,它可以表述为:在一切惯性参考系中,所有物理规律都是相同的。爱因斯坦对相对性原理的解释:如果你在一辆密封的车里,你无法决定你是做匀速运动还是静止,即任何物体无法决定自己的运动状态。

这两条原理是相互独立的,是作为公理提出来的,它们不能被逻辑所证明,只能由实验来验证。迄今为止,所有实验都支持这两条原理。

狭义相对论的这两条原理从根本上抛弃了以太理论和牛顿的绝对时空观。爱因斯坦认为,对于某个物体的长、宽、高,不同的测量者会得出不同的测量结果,也就是说,长、宽、高都是相对的概念,他们依赖于被测物体和测量者的相对运动。爱因斯坦也否定了绝对时间,他认为,时间是相对的,每一个以自己方式旅行的人,一定会与以其他方式(如星际旅行)旅行的人经历不同的时间。这一点也与我们日常生活经验相去甚远。这是因为我们日常的运动太慢了,我们相对于彼此的运动速度总是远远小于光速(光速 $c\approx299792$ 公里/秒)。因此,这些现象很难在日常生活中被观察到。

狭义相对论告诉我们能量和质量是同一事物的两个方面。凡是有质量的物体都含有能量。物体在运动时,质量会增加,物体的运动速度越大,它的质量就越大。物体的质量和能量之间存在本质联系,任何质点、粒子或物体,都蕴藏着巨大的能量。甚至一个静止的物体也含有巨大的能量。

三、广义相对论及其实验验证

自 1905 年爱因斯坦发表狭义相对论之后,很长一段时间内人们无法理解这种新理论。当时的爱因斯坦居住在瑞士,生活非常拮据。朋友建议他利用狭义相对论的成果申请苏黎世联邦理工学院的编外讲师职位,但得到的答复是论文无法理解。与此同时,德国著名的物理学家普朗克高度赞扬了这篇论文,他认为爱因斯坦的工作可以和哥白尼媲美。许多有名望的科学家也开始为爱因斯坦奔走呼吁。终于在 1908 年 10 月 23 日,爱因斯坦得到了编外讲师的职位,第二年升为了副教授。

正当人们忙于理解狭义相对论时，爱因斯坦却沉浸在另一项更加让人难以理解的工作中，这就是广义相对论。他在1911年给好朋友雅各布·劳布的信中写道："我全心工作却无甚收获，几乎所有曾在我脑海中出现的想法都不得不再次被抛弃，引力在相对论中的问题正在引发严重的困难。"到了1912年，他的研究工作有了转机，此时的爱因斯坦已经能令自己的思想不受干扰，心无旁骛地沉浸在引力和新的相对论的研究之中。

如果把爱因斯坦比作千里马，那么他的伯乐就是普朗克。1913年夏天，普朗克与同事能斯特（Walther Hermann Nernst，1864—1941）乘坐火车前往苏黎世，他们要给当年只有34岁的爱因斯坦带去一个十分诱人的工作机会——柏林的一个学术职位，无需承担任何教学工作，唯一的职责就是进行自己的研究，且年薪为12000德国马克，是柏林所有教授中最高的。这样的薪资是不寻常的，但是普朗克他们认为这位年轻人将会创造一个更加不寻常的契机，带来更加不寻常的收获。所以性情耿直的普朗克和行事圆滑的能斯特便身着正装前去苏黎世游说爱因斯坦。说明来意后，幽默的爱因斯坦并没有立刻给普朗克和能斯特答复，而是请他们二人游览欣赏山景，并特别提出请他们乘坐缆车。他许诺会在缆车站台上等他们返回，并给他们答复。爱因斯坦说，那时候他将手持玫瑰，如果是白色玫瑰，表示不去；若是红色玫瑰，表示他愿意去柏林。几个小时以后，当缆车下降到站台时，普朗克和能斯特欣喜地看到了这位顶着一头深色卷曲头发、手持一朵红玫瑰的年轻人。此时可以说普朗克得到了一员得力干将，而爱因斯坦则开始踏上了物理学的主舞台。

能斯特

1905年的狭义相对论可以定义质量和力等基本概念，但无法描述牛顿的万有引力定律。爱因斯坦清醒地看到自己理论中的存疑和缺陷：第一，自然界中什么参考系才是惯性系，为什么惯性系在描述物理规律时居于特殊的地位；第二，牛顿的万有引力定律无法纳入相对论的框架之中。牛顿认为引力是即时作用，引力场就是一个绝对时空的载体，这种观点与狭义相对论的时空观相矛盾。为了解决上述两个问题，爱因斯坦将相对性原理推广到引力场中，他指出引力场就相当于一个非惯性系。也就是说，一个物体是处在引力场中还是正被加速原则上是无法区分的。这一原理被称为等效原理。惯性质量与引力质量相等是等效原理的一个自然推论。广义相对论还指出，万有引力不是真正的力，是时空弯曲的表现。从1907年到1915年这8年时间，爱因斯坦几乎是单枪匹马地奋斗，终于确立了广义相对论，将相对性原理推广到任意参考系，建立了时间、空间、引力的理论。

1915年，爱因斯坦经历了一段非常紧张的工作。6月，他在哥廷根向德国数学家希尔伯特等人做了一个星期的学术报告，介绍他在广义相对论方面的工作。10月，爱因斯坦发现自己的工作有错误，还听说希尔伯特也发现了他的数学错误并正在进行论证。11月4日开始，按照既定安排，爱因斯坦在普鲁士科学院每周介绍一次广义相对论。经过非常紧张的工作，爱因斯坦终于在11月16日收到希尔伯特的引力场方程之前取得了成功，并计算出与天文观测相符的水星近日点进动。在11月25日的最后一次报告中，他终于能够写下他的引力场方程。

狭义相对性原理指出，物理定律在一切惯性系都具有相同的性质，即对于物理规律来说一切惯性系都是平等的。爱因斯坦在提出等效原理的同时，提出了广义相对论的另一个基本假设或基本原理——物理定律在一切参考系中都具有相同的形式；或者说，物理规律的表述都相同。

广义相对论的数学工具是《黎曼几何》，这本书引起过爱因斯坦和他的朋友们的极大兴趣。爱因斯坦发现书中的有趣内容居然有可能在自己的研究课题中派上用场，于是愉快地接受了挚友格罗斯曼的忠告，努力钻研黎曼几何，几经曲折，终于在格罗斯曼和希尔伯特的帮助下建立起新的辉煌理论——“爱因斯坦场方程”。

方程的求解很困难，爱因斯坦当时求得一些近似解，有人问爱因斯坦如何证明广义相对论的正确性，爱因斯坦给出了三个可以检验广义相对论的实验：水星近日点的进动、引力红移和光线偏折。

1.水星近日点的进动

在托勒密学派的观点里，水星的运行轨道是正圆；在开普勒的数据里，水星的运行轨道与其他行星一样是封闭的椭圆。然而在1859年，天文学家发现水星的运行轨道不是一个封闭的椭圆，而是有进动。当时担任巴黎天文台台长的阿拉果就把这一任务交给了年轻学者勒维烈。勒维烈提出，水星近日点进动的原因可能是在水星附近有一颗未发现的行星，这颗未知行星的摄动使得水星近日点出现进动。他将这颗未曾谋面的行星命名为“火神星”。勒维烈根据摄动理论，认真地计算了“火神星”的运行轨道和大小，但天文学家始终没有寻觅到这颗“火神星”的踪迹。

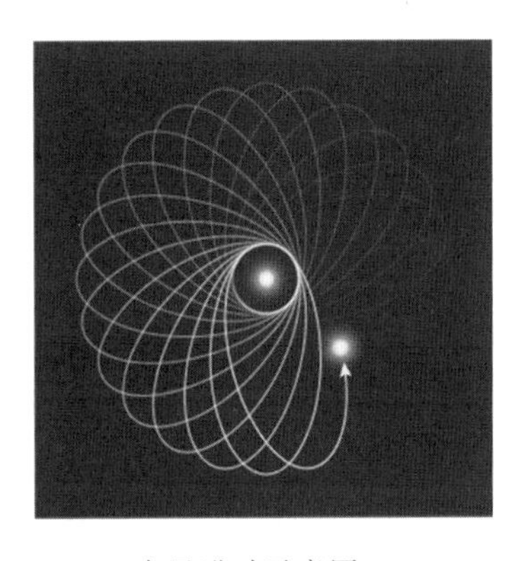

水星进动示意图

精确的天文观测表明，每100年水星近日点进动5600.73±0.41″，扣除岁差和行星摄动等因素影响后，还有43″的进动无法解释。

依据牛顿万有引力作用下的运动方程，水星的轨道是一个闭合的椭圆，虽然这与开普勒定律相符，但是与实际观测不符。

也有人模仿德国物理学家索末菲对轻原子轨道的修正，将万有引力和狭义相对论结合起来，并且考虑引力质量和惯性质量相等，得到新的轨道方程。计算结果表明，水星轨道不是封闭的椭圆，近日点有进动，但进动值只有观测值的1/6，而且符号相反。显然，这种解释是不成功的。

索末菲

在爱因斯坦提出广义相对论之前，这个问题一直是不解之谜。1916年，爱因斯坦将这一现象解释为空间弯曲和光速变慢的结果。根据广义相对论,将太阳引力场看成是弯曲的空间,行星在此弯曲空间中的运动规律与平方反比规律得到的结果有所差异,即使没有其他因素,行星公转一周,它的近日点也会进动 $6\pi K^2m^2/h^2$ 弧度,用水星的数值代入,结果正好是 43″。

计算结果与观测结果相符合,从而合理地解释了水星近日点 43″的进动,同时也验证了广义相对论。

当然,不仅水星有进动,金星、地球、火星及小行星的近日点都有进动,如表 10-1 所示。

表 10-1　金星、地球、火星及小行星的近日点进动情况

行星	圈/百年	Δϕ(秒/百年)	
		广义相对论计算值	观测值
水星	415	43.03	43.11±0.46
金星	149	8.6	8.4±4.8
地球	100	3.8	5.0±1.2
小行星	89	10.3	9.8±0.8

2. 引力红移

引力红移是爱因斯坦发表广义相对论时预言的一个效应,这个效应被天文观测和实验室观测所证实。

根据广义相对论,光在引力场中前进时频率会发生改变,向红端移动。这是因为光子具有引力质量,受到恒星的牵引,它在引力场中升高,就要消耗一定的能量;光子的能量与频率成正比,如果能量损失,频率也就降低,频率降低就是波长加长,也就是谱线向红端移动。

早在 20 世纪 20 年代对太阳谱线的观测中,引力红移现象就得到了证实。1925 年,英国著名天文学家亚当斯发表了一篇题为《天狼星伴星中谱线的相对位移》的文章,提出了天狼星伴星的红移现象。亚当斯对天狼星伴星和波江座 40 双星中白矮星的红移现象的观测值与广义相对论的预言值符合得很好,作为直接的证据证明了广义相对论的有效性。1958 年,德国物理学家穆斯堡尔首次在地球引力场中证实了引力红移效应。他采用的主要措施是将放射性核嵌入晶体,然后在低温下冷冻,以消除发射、吸收射线时核的反冲。通过这种方法可以在地面实验室中检测引力红移,实验结果与观测值符合得很好。

3. 光线偏折

按照广义相对论,在强引力场附近,空间是弯曲的,光线在弯曲空间里走的最短路线不是一般意义上的直线,光的路径随着空间的弯曲而弯曲。因此,爱因斯坦预言,光线在引力场中会发生偏折。

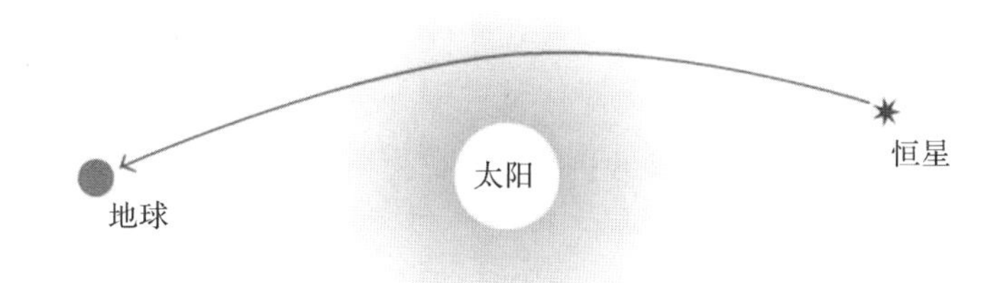

光线偏折示意图

牛顿力学认为光子也有重量，那么光线通过太阳附近是也会发生偏折呢？根据牛顿力学计算出来的偏折角是0.87″，而广义相对论预言的结果是1.75″，正好比牛顿力学所得出的结果大一倍。太阳系引力场最强的地方莫过于太阳附近了，所以验证这一结果的最好方式是观测太阳边上的恒星位置，然后当太阳不在这个天区时再观测恒星的位置，前后相比较，就可以确定结果，但是太阳附近的恒星只有在发生日全食的时候才能观测到。

爱因斯坦提出广义相对论的1915年，正值第一次世界大战进入第二年，众多科学家们无暇进行天文实测。英国科学家爱丁顿通过荷兰人了解到爱因斯坦的工作。第一次世界大战结束后，1919年5月29日正好有一次绝佳的日全食机会。爱丁顿便组织了两支考察队，一支到巴西北部，另一支由他亲自率队到几内亚湾的普林西比岛进行观测。

爱因斯坦与爱丁顿会晤

两支考察队都拍摄了太阳附近星空的照片，两个月后，又拍摄了同一星空的对比照片。在该年11月6日英国皇家天文学会和皇家学会联合举行的大会上，天文学家罗伊尔宣布："星光确实按照爱因斯坦引力理论的预言发生了偏折。"

这项验证结果的公布引起了强烈反响，爱因斯坦成了传奇人物。《柏林画报》的封面刊登了爱因斯坦的照片。科学家、哲学家和历史学家们也纷纷就相对论发表评论。

1921年，爱因斯坦去往伦敦，负责接待他的霍尔丹勋爵在皇家学会以一次热情洋溢的演讲将爱因斯坦介绍给英国科学家，并事先强调说“爱因斯坦已经到过威斯敏斯特大教堂瞻仰了牛顿墓地”。

人们都知道了爱因斯坦是个伟大的科学家，但是真正理解他的理论的人寥寥无几，事实表明，广义相对论的发展过程比狭义相对论更加艰难曲折。在很长一个时期内，只有天文学家，而且只是那些研究宇宙学的天文学家对广义相对论感兴趣。

四、广义相对论预言的黑洞和引力波

200多年前，英国科学家米歇尔和法国科学家普拉斯就预言了黑洞的存在。他们依据牛顿定律计算出了黑洞的半径。爱因斯坦的广义相对论认为，万有引力并不是真正的力，而是时空弯曲的表现。物质密度越大的地方，时空弯曲得越厉害。美国科学家奥本海默指出，当时空弯曲到一定程度光将不能从那里逃离，那个地区将成为看不见的黑洞。他依据广义相对论，再次预言了黑洞的存在。

人们最初认为，黑洞是一颗“死亡”的星，是天体演化的最终归宿。黑洞就像一个无底洞，什么东西都可以掉进去，但是任何物质都跑不出来，这就是黑洞名称的由来。当黑洞由引力坍缩形成时，它很快就稳定在一个仅由三个参量所表征的定态上，这三个参量是质量、角动量和电荷。除这三个参量之外，黑洞不再保留坍缩物体的其他细节，这个结论称为“黑洞无毛定理”。该定理意味着在引力坍缩中会丢失大量信息。

1974年前后，人们对黑洞的认识发生了深刻的变化，开始认为黑洞有内部结构。当时年轻的物理学家霍金等还指出黑洞有温度，能发出热辐射。然而，有趣的是，辐射不仅不使黑洞降温，反而使它的温度升高。小黑洞的温度极高，可能会发生爆炸。黑洞像一般的星体一样，能把周围的物质吸引过来，使它们围绕自己旋转，并逐渐落入黑洞。黑洞在吸入物质的时候，也会产生强烈的辐射，并有可能在黑洞两极处形成猛烈的喷流。天文学家已经观测到许多天体有喷流射出，其中有一些天体，有可能就是黑洞。由此看来，黑洞并不是一颗“死亡”的星，它只是恒星演化的一个阶段。

广义相对论建立以来，黑洞的“发明”无疑是当代最突出的智力成果之一，在没有任何观测到的证据证明该理论是正确的情况下，作为数学模型竟被发展到如此完美的地步。

2020年诺贝尔物理学奖共同授予英国科学家罗杰·彭罗斯、德国科学家莱因哈德·根泽尔和美国科学家安德里亚·格兹，以表彰他们对宇宙中最奇异的现象之一——黑洞的发现。罗杰·彭罗斯“发现黑洞形成是广义相对论的可靠预测”。莱因哈德·根泽尔和安德里亚·格兹发现银河系中心的恒星轨道由一个看不见的极其重的物体控制，而超大质量黑洞是目前已知的唯一解释。

罗杰·彭罗斯

莱因哈德·根泽尔

安德里亚·格兹

在相对论中,万有引力(即时空弯曲)的传播需要时间,引力的传播速度是光速。如果引力源附近的时空弯曲随时间变化,这种变化就会以光速向远方传播,这就是所谓引力波。

爱因斯坦虽然预言存在引力波,但引力波迟迟未被发现。美国马里兰大学的约瑟夫·韦伯教授为观测引力波做了多年努力。1969年,他宣布自己的两个相距遥远的探测器同时探测到了频率为1660赫兹的引力波。但此后的一些试验表明,韦伯的这一结果不可靠,他并未探测到引力波。

韦伯在工作

1974年,美国物理学家约瑟夫·泰勒和拉塞尔·赫尔斯发现了一颗脉冲星(编号为PSR B1913+16),他们发现该脉冲星处于双星系统中,其伴星也是一颗中子星。根据广义相对论,该双星系统会以引力波的形式损失能量,轨道周期每年缩短76.5微秒,轨道半长轴每年减少3.5米,预计3亿年后发生并合。

自1974年以来，泰勒和赫尔斯对这个双星系统的轨道进行了长时间的观测，观测值和广义相对论预言的数值符合得非常好，这间接证明了引力波的存在。

为了探测宇宙中不同波段的引力波，国际上已经或正在建造多个大型的地面和空间引力波探测装备(称为引力波天文台)以便直接探测引力波。

2015年9月14日，激光干涉引力波天文台(LIGO)探测到来自两个分别为29个太阳质量和36个太阳质量的黑洞并合产生的引力波。这是人类第一次探测到黑洞并合事件，也是第一次探测到来自宇宙的引力波信号。这两个黑洞碰撞并合成一个相当于62个太阳质量的黑洞。显然这里有一个疑问：36＋29＝65，而非62。还有3个太阳质量的物质到哪里去了呢？这3个太阳质量的物质转化成巨大的能量释放到了太空中。正因为有如此巨大的能量辐射，才使远离这两个黑洞的地球上的人类探测到了碰撞融合之后传来的已经变得十分微弱的引力波。

激光干涉引力波天文台

美国当地时间2016年2月11日上午10点30分(北京时间2月11日23点30分)，美国国家科学基金会(NSF)召集了来自加州理工学院、麻省理工学院以及LIGO科学合作组织的科学家在华盛顿特区国家媒体中心宣布：人类首次直接探测到了引力波。

爱因斯坦不仅仅是一位伟大的科学家，也是一位伟大的哲学家和思想家。他不仅创立了相对论，而且在量子理论和统计物理诸多方面也有建树。当然，他最伟大的成就是建立了狭义相对论和广义相对论，全面更新了人类对时间和空间的看法。今天，理论科学家们的研究目标仍然是将人类对大自然的两大最基本的阐释——量子力学和相对论统一为一体，但是至今尚未取得最终成果。

第五节　分子生物学的诞生

20世纪是科学技术突飞猛进的世纪，除了量子论和相对论之外，最重大的成就就是分子生物学的诞生。它将人类认识生物界的水平提升到分子层面。进化论从理论论证开始向可检验的实证科学转型，并逐步发展成内容宽泛的进化生物学。借助先进的物理和化学方法，分子生物学重新找到了生命现象的统一基础，并逐步揭示了生命遗传和进化的奥秘。

一、孟德尔遗传理论

孟德尔(G. J. Mendel，1822—1884)，奥地利学者，虽与达尔文为同时代人，但二人却没有什么交集。虽为修道院的神职人员，孟德尔却终身从事着创造性的科学研究。他的研究工作奠定了遗传学的基础，为进化论的发展做出了划时代的贡献。

孟德尔出身贫寒，但从小勤奋好学，聪明过人。他经常忍饥挨饿，但还是坚持到中学毕业，并且取得全优的成绩。1843年，由于生活所迫，他进入了修道院，成为一名见习修道士。庆幸的是这座修道院学术氛围极佳，这里从主教、神父到大多数修道士都爱好科学研究，有些人还兼职大学教授。由于孟德尔刻苦好学，自学成才，终于在1849年被主教派任为大学预科的代理教员，主要讲授物理学和博物学。1851年，孟德尔进入奥地利最高学府维也纳大学深造，主修物理学，兼修数学、化学、动物学、植物学、古生物学等课程。结束学习后，他仍回到修道院任代课老师。正是这次学习为他日后从事科学事业打下了坚实的基础。

从1856年起，孟德尔便开始了最终导出他“颗粒遗传”或称“遗传因子”这一伟大科学发现的豌豆杂交实验。他虽身为神职人员，但对待科学的态度却十分严谨，一丝不苟、实事求是地按照生物本来的面貌去认识生物，这大概也是他成功的主要秘诀。

1865年，孟德尔发表了他对豌豆7个性状遗传的研究结果，遗憾的是，尽管他的颗粒遗传理论与达尔文1859年的《物种起源》几乎同时完成，但他的研究成果并未引起人们足够的注意。1868年他被任命为修道院院长。直到1884年1月6日孟德尔去世，虽有数以千计的人来为这位可敬可亲的院长送行，却没有人能够理解这位伟大学者曾为遗传学和进化论做出的杰出贡献。但孟德尔本人曾十分自信地说：“我深信全世界承认这项工作成果的日子已为期不远了。”

孟德尔的研究成果虽然在当时未受到其他科学家的理解和重视，但是到了1900年，有三位植物学家各自独立的研究都得出了与孟德尔相似的结论，这时人们才重新发现孟德尔研究的价值。这三位植物学家分别是荷兰的德弗里斯、德国的科伦斯和奥地利的丘歇马克，他们都在从事植物的杂交实验工作。1900年之后，许多遗传学家接受了基因的颗粒特性，遗传学也开始发展起来。对染色体性质的深入了解，促使遗传学家更容易接受孟德尔理论。

孟德尔理论概括为两条定律：一是分离定律，意思是具有不同性状的纯质亲本进行杂交时，其中一个性状为显性，另外一个性状为隐性，所以在子一代中，所有个体都只表现出显性性状。二是自由组合定律，又称独立分配定律，意思是两对或两对以上不同性状分离后，又会随机组合，在子二代中出现独立分配现象。例如黄色圆形豌豆与绿色皱皮豌豆杂交后，在子二代个体中，黄圆、黄皱、绿圆、绿皱的比例分别为 9∶3∶3∶1。

在达尔文时代，人们对遗传的本质几乎一无所知，所观察到的子代常表现出父母双亲的中间性状，于是就有了"融合遗传"假说。孟德尔理论问世后，融合遗传就变得毫无意义。随着科学技术的进一步发展，孟德尔的遗传理论已经成为探索生命演化内在动力的基本出发点。

但是，还有一些遗传学家对此持怀疑态度，代表人物就是美国的科学家摩尔根。然而到了 1910 年，摩尔根却为遗传理论提供了一个决定性证据。

二、摩尔根在遗传学方面的贡献

摩尔根(Thomas Hunt Morgan，1866—1945)出生在美国肯塔基州列克星敦，他的父亲曾任美国驻意大利外交官，伯父是美国南北战争时期南军的一位著名将军，而摩尔根成了世界著名的遗传学家。正是因为在遗传方面的成就，摩尔根获得 1933 年诺贝尔生理学或医学奖。

摩尔根

1886 年，摩尔根从肯塔基大学毕业后，进入霍普金斯大学生物学系攻读研究生；1888 年，获得理学硕士学位；1890 年，获得霍普金斯大学哲学博士学位；1892 年，摩尔根开始在布林马尔学院任教，这时他的研究领域是实验胚胎学。1894—1895 年，摩尔根曾经到意大利那不勒斯动物研究所工作了 10 个月，与实验胚胎学奠基人之一的德里施开展合作研究。

在 1910 之前，遗传学的发展非常迅猛，摩尔根也一直在关注着遗传学的发展。当时他既不相信孟德尔，也不相信达尔文，更不相信染色体学说，在他看来，遗传问题是发育和进化问题的关键。摩尔根称自己为实验生物学家，他不喜欢思辨式的讨论，而主张用实验结果进行证实。

1910 年，摩尔根开始对白眼果蝇进行杂交实验，发现了果蝇的伴性遗传。发现伴性遗传之后，进一步的研究使摩尔根又发现了基因的连锁与交换，这是对孟德尔定律的重要发展。在发现基因连锁的同时，摩尔根还发现，同一连锁群基因的连锁并不是绝对的，而且不同基因之间的连锁强度不同，也就是说，不同连锁群之间可能发生基因交换。他还证明了生物的性别是由其染色体的组成状况决定的，绘出了表示染色体上基因排列状况的遗传学图谱；并且发现了染色体畸变对遗传的影响等。至此，经典遗传学建立起来了。

三、破解遗传密码

1962 年，英国生物学家弗朗西斯·克里克(Francis Harry Compton Crick，1916—2004)和美国生物学家詹姆斯·沃森(James Dewey Watson，1928—)二人因"发现核酸的分子结构及其对生物中信息传递的重要性”与莫里斯·威尔金斯(Maurice Hugh Frederick Wilkins,1916—2004)共同获得了诺贝尔生理学或医学奖。

弗朗西斯·克里克

詹姆斯·沃森

莫里斯·威尔金斯

早在1951年,克里克便开始与沃森一起在英国剑桥大学的卡文迪许实验室工作。他们通过伦敦国王学院的科学家莫里斯·威尔金斯、雷蒙德·葛斯林等人的X射线衍射的实验结果,一起提出了DNA的双螺旋结构模型,并在1953年发表了研究成果。

这个研究结果是生物学发展史上的一座里程碑。从那时起的短短30多年里,生物学在分子层面开拓了一个无论是理论上还是应用上都从未到过的领域。虽然许多科学家不断提醒我们,人类对于DNA的了解还不够,对于庞杂纷繁的生命体系,分子生物学的研究所及还只不过是一星半点,但是,大家对这些初步破译遗传密码的成果仍然感到欢欣鼓舞,因为生物技术和基因工程在工业、农业和医学上的日益广泛应用已经开始造福于人类。也许在不久的将来,它们便可以在人口不断增加而资源有限的地球上为缓解人类所面临的发展困境发挥出更加广泛和重要的作用。

思考题

1. 狭义相对论有什么基本困难？
2. 简述你对等效原理的理解。
3. 简述你对广义相对论的理解。
4. 广义相对论有哪些实验验证？

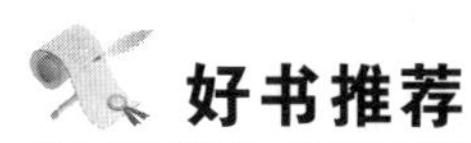

好书推荐

1. 爱因斯坦，《狭义与广义相对论浅说》，杨润殷译，北京大学出版社，2006.

2. 吉姆·巴戈特，《量子通史：量子物理史上的40个重大时刻》，徐彬、于秀秀译，中信出版集团，2020.

3. 摩尔根，《基因论》，卢惠霖译，北京大学出版社，2007.

4. 孟德尔等，《遗传学经典文选》，梁宏、王斌译，北京大学出版社，2012.

拓展与延伸

参考文献

[1] 爱因斯坦. 狭义与广义相对论浅说[M]. 杨润殷，译. 北京：北京大学出版社，2006.

[2] 奥姆斯特德. 波斯帝国史[M]. 李铁匠，顾国梅，译. 上海：上海三联书店，2010.

[3] 巴戈特. 量子通史：量子物理史上的40个重大时刻[M]. 徐彬，于秀秀，译. 北京：中信出版集团，2020.

[4] 北京师范大学国学研究所. 武王克商之年研究[M]. 北京：北京师范大学出版社，1997.

[5] 贝尔纳. 历史上的科学[M]. 伍况甫，等译. 北京：科学出版社，1959.

[6] 布丰. 自然史[M]. 赵静，译. 重庆：重庆出版社，2014.

[7] 达尔文. 物种起源[M]. 舒德干，译. 北京：北京大学出版社，2018.

[8] 丹皮尔. 科学史：及其与科学和宗教的关系[M]. 李珩，译. 北京：商务印书馆，1975.

[9] 邓可卉. 希腊数理天文学溯源：托勒玫《至大论》比较研究[M]. 济南：山东教育出版社，2009.

[10] 董光璧，田昆玉. 世界物理学史[M]. 长春：吉林教育出版社，1994.

[11] 费曼. 爱开玩笑的科学家费曼[M]. 吴丹迪，吴慧芳，黄涛，译. 北京：科学出版社，1989.

[12] 广州博物馆. 地球历史与生命演化[M]. 上海：上海古籍出版社，2006.

[13] 郭奕玲，沈慧君. 物理学史[M]. 北京：清华大学出版社，1993.

[14] 哈里森. 科学与宗教的领地[M]. 张卜天，译. 北京：商务印书馆，2016.

[15] 哈里森. 圣经、新教与自然科学的兴起[M]. 张卜天，译. 北京：商务印书馆，2019.

[16] 赫拉利. 人类简史：从动物到上帝[M]. 林宏俊，译. 北京：中信出版社，2014.

[17] 胡中为，孙扬. 天文学教程[M]. 上海：上海交通大学出版社，2019.

[18] 加尔法德. 极简宇宙史[M]. 童文煦，译. 上海：上海三联书店，2016.

[19] 伽利略. 关于两门新科学的对谈[M]. 戈革，译. 北京：北京大学出版社，2016.

[20] 伽利略. 关于托勒密和哥白尼两大世界体系的对话[M]. 周煦良，等译. 北京：北京大学出版社，2006.

[21] 卡约里. 物理学史[M]. 戴念祖，译. 桂林：广西师范大学出版社，2002.

[22] 开普勒.世界的和谐[M].张卜天,译.北京:北京大学出版社,2011.

[23] 科恩.世界的重新创造[M].张卜天,译.北京:商务印书馆,2020.

[24] 科恩.自然科学与社会科学的互动[M].张卜天,译.北京:商务印书馆,2016.

[25] 柯瓦雷.牛顿研究[M].张卜天,译.北京:商务印书馆,2016.

[26] 库恩.哥白尼革命:西方思想发展中的行星天文学[M].吴国盛,张东林,李立,译.北京:北京大学出版社,2020.

[27] 拉瓦锡.化学基础论[M].任定成,译.北京:北京大学出版社,2008.

[28] 李佩珊,许良英.20世纪科学技术简史(第二版)[M].北京:科学出版社,1999.

[29] 李四光.天文、地质、古生物[M].北京:地质出版社,2016.

[30] 李学勤,沈建华,贾连翔.清华大学藏战国竹简(壹—叁)文字编[M].上海:中西书局,2014.

[31] 李约瑟.文明的滴定[M].张卜天,译.北京:商务印书馆,2020.

[32] 李约瑟.中华科学文明史(上、下)[M].上海交通大学科学史系,译.上海:上海人民出版社,2010.

[33] 林德伯格.西方科学的起源(第二版)[M].张卜天,译.北京:商务印书馆,2019.

[34] 刘家和.古代中国与世界——一个古史研究者的思考[M].武汉:武汉出版社,1995.

[35] 刘建统.科学技术史[M].长沙:国防科技大学出版社,1986.

[36] 卢嘉锡.中国科学技术史[M].北京:科学出版社,2016.

[37] 罗韦利.七堂极简物理课[M].文铮,陶慧慧,译.长沙:湖南科学技术出版社,2016.

[38] 马建章.科学技术史概要[M].北京:科技文献出版社,1989.

[39] 麦克斯韦.电磁通论[M].戈革,译.北京:北京大学出版社,2010.

[40] 梅森.自然科学史[M].周煦良,等译.上海:上海译文出版社,1980.

[41] 孟德尔等.遗传学经典文选[M].梁宏,王斌,译.北京:北京大学出版社,2012.

[42] 摩尔根.基因论[M].卢惠霖,译.北京:北京大学出版社,2007.

[43] 穆迪等.地球生命的历程[M].王烁,王璐,译.北京:人民邮电出版社,2016.

[44] 牛顿.牛顿光学[M].周岳明,等译.北京:北京大学出版社,2011.

[45] 牛顿.自然哲学之数学原理[M].王克迪,译.北京:北京大学出版社,2013.

[46] 欧几里得.几何原本:建立空间秩序最久远的方案之书[M].邹忌,编译.重庆:重庆出版集团,2014.

[47] 潘永祥.自然科学发展简史[M].北京:北京大学出版社,1984.

[48] 钱临照,许良英.世界著名科学家传记[M].北京:科学出版社,1999.

[49] 萨顿.科学的历史研究[M].刘兵,等译.北京:科学出版社,1990.

[50] 萨顿.希腊化时代的科学与文化[M].鲁旭东,译.郑州:大象出版社,2011.

[51] 萨顿.希腊黄金时代的古代科学[M].鲁旭东,译.郑州:大象出版社,2010.

[52] 沈括.梦溪笔谈[M].诸雨辰,译注.北京:中华书局,2016.

[53] 苏秉琦.中国文明起源新探[M].北京:生活·读书·新知三联书店,2019.

[54] 韦斯特福尔.近代科学的建构[M].张卜天,译.北京:商务印书馆,2020.

[55] 吴国盛. 科学的历程（第二版）[M]. 北京:北京大学出版社,2002.

[56] 吴国盛. 什么是科学[M]. 广州:广东人民出版社,2016.

[57] 吴鑫基,温学诗. 现代天文学十五讲[M]. 北京:北京大学出版,2005.

[58] 席泽宗. 中国科学技术史:科学思想卷[M]. 北京:科学出版社,2001.

[59] 辛格. 技术史·第Ⅳ卷·工业革命[M]. 辛元欧,刘兵,译. 北京:中国工人出版社,2021.

[60] 徐光启. 农政全书校注(上、中、下)[M]. 石声汉,校注,石定枎,订补. 北京:中华书局,2020.

[61] 宣焕灿. 天文学史[M]. 北京:高等教育出版社,1992.

[62] 戴克斯豪斯特. 世界图景的机械化[M]. 张卜天,译. 北京:商务印书馆,2018.

[63] 张苍等. 九章算术[M]. 邹涌,译解. 重庆:重庆出版社,2016.

[64] 张密生. 科学技术史(第三版)[M]. 武汉:武汉大学出版社,2015.

[65] 赵峥,刘文彪. 广义相对论基础[M]. 北京:清华大学出版社,2010.

[66] 赵峥. 爱因斯坦与相对论——写在“广义相对论”创建100周年之际[M]. 上海:上海教育出版社,2015.

[67] 赵峥. 物理学与人类文明十六讲[M]. 北京:高等教育出版社,2008.

后　　记

纵观科学技术发展史，不难发现人类诞生至今才不过几百万年，人类的文明史仅有6000多年，而自然科学的历史，如果从16世纪哥白尼发表日心说算起，至今还不到500年。技术的发展时间则更短，如果从18世纪的蒸汽机算起，至今也不过300多年。在这短短的几千年时间里，人类依靠自己聪明的头脑和极强的适应能力，在地球上创造了灿烂的文明。

今天，随着科学技术的高度发展，人类探索自然之路已经不再停留在宏观层面上，而是向宇观和微观方向深入前行。在宇观方向，人类首先用气球、飞艇和飞机实现了“飞翔”的梦想，但是这种飞行只能在大气层中进行，借助空气获得上升的动力。要实现对宇宙空间的探索，需要一种全新的动力。从理论上探索火箭飞行技术的第一位科学家是苏联的齐奥尔科夫斯基，他有一句名言：“地球是人类的摇篮，但没有人能永远留在摇篮里。”另一位火箭技术的先驱是美国人罗伯特·戈达德。1926年，戈达德成功发射了世界上第一枚液体火箭。1957年10月4日，苏联成功将世界上第一颗人造地球卫星送入太空，开启了人类探索太空奥秘的新时代。从此，人类探索自然的活动突破了陆、海、空的界限，开始进入空天领域。

中国的航天之路是从研究导弹和火箭起步的，1970年4月24日，“长征一号”火箭将我国第一颗人造地球卫星“东方红一号”送入太空，拉开了我国探索空天领域的序幕。2003年10月15日，在酒泉卫星发射中心，“长征二号”F火箭成功将“神舟五号”载人飞船送入太空，标志着我国已经进入载人空天探索活动的新时代。2007年10月24日，在西昌卫星发射中心，运载着“嫦娥一号”卫星的“长征三号”甲火箭成功发射，而后“嫦娥一号”拍摄下完整的月球影像图。2020年7月23日，在海南文昌航天发射场，“长征五号”遥四运载火箭成功将我国自主研发的“天问一号”火星探测器送入预定轨道，是国际上首次通过一次发射，实现火星环绕、着陆、巡视探测，使中国成为世界上第二个独立掌握火星着陆巡视探测技术的国家。目前，中国在太空领域展开了一系列的大型探测活动，如“太极计划”“天琴计划”等；在地面上也开展了针对太空领域的探测项目，如“阿里计划”“500米口径球面射电望远镜(FAST，也称天眼)”“平方公里阵列射电望远镜”等，这些项目的建设和研究，需要更多的年轻学子加入其中，为人类对宇宙的探索进程添砖加瓦。

尽管先进的航天航空技术使我们已经不再过于担心天外来的灾难，但是，威胁人类生命健康的物质却依然存在——微观方向的细菌和病毒。如鼠疫和霍乱曾在人类历史上造成了极为严重的灾难。1918—1919年，一种极其凶狠的流行性感冒在第一次世界大战的西战线暴发，病毒随着返乡的复员部队迅速扩散，在全球夺走了2000多万人的生命。从1959年起，艾滋病开始在全球蔓延，至今仍然威胁着人类的生命。2002年底至2003年上半年，一种新变异的冠状病毒在我国、新加坡和加拿大等国家引发了被世界卫生组织称为"严重急性呼吸道症候群"(Severe Acute Respiratory Syndrome，简称SARS)的传染病。这种病毒的特点是来势迅猛、传染性强，但在天气变暖后却悄然失去踪影。2019年底开始，新冠肺炎疫情开始在全世界蔓延，至今仍没有消失的迹象。在与细菌和病毒抗争的过程中，人类经过艰苦卓绝的努力，发明了各种抗菌素和注射疫苗，以应对已经发生的各种传染病。然而，病毒却在不断地发生变异，新变异的病毒在某时某地再次出现几乎是不可避免的。因此，人类一方面通过研究各种病毒的特性积累实战经验，另一方面不得不做好与病毒进行长期战斗的准备。

21世纪，技术发明进入快车道，人类在计算机技术、互联网技术、航空航天技术、深海技术、高铁技术、基因技术、芯片技术、人工智能技术等方向都取得了长足的进步。而科学发现因受其内在规律性和偶然性的制约，科学家通常需要选取研究对象、假设论证、设计实验验证、进行理论构建，然后才可能有新的理论出现。这是一个漫长而艰辛的过程，也是人类不断了解自然、了解自身的过程。目前，科学发现基于相对论和量子论在宇观和微观方向都取得了很大的成就。但是，在21世纪还有许多问题等待我们去探索。在宇观方向，科学家提出的"宇宙大爆炸"理论仅限于大爆炸之后的宇宙图景，大爆炸之前是何种情况呢？我们对于黑洞的探索还仅仅停留在双黑洞合并能够产生引力波的层面，研究引力波能否让人类获取宇宙更多的信息？宇宙的中心究竟在哪里？在微观方向，人类对于遗传的认识达到分子水平，已经可以用基因工程技术定向地改变生物的遗传性，生命现象的密码正等待着被进一步揭开，生物技术在促进社会发展方面被寄予厚望。

掩卷而思，面对科学技术历史中那些理性的丰碑和不朽的科学灵魂，我们不必顶礼膜拜，而是要从中深刻理解科学的精髓、历史的价值和时代的精神，更要不断汲取深蕴其中的科学思想、科学方法和科学精神，并使之成为我们前进的动力。

欧几里得，古希腊哲学家，长期从事教学和研究工作。研究内容涉及数学、天文学、光学和音乐等领域。欧几里得并不关心几何学的实际应用，他关心的是几何体系内逻辑上的严密性。他创造了人类历史上第一个宏伟的演绎推理模式，对后世数学的发展起到了不可替代的推动作用。

阿基米德，力学这门学科的真正创始人，开创了静力学和流体力学两大分支。阿基米德与雅典时期的科学家有着明显不同的研究风格，他既重视科学的严密性、准确性，要求对每一个问题都进行精确的、合乎逻辑的证明，又非常重视科学知识的实际应用。

埃拉托色尼，博学家、哲学家、诗人、天文学家和地理学家。他在柏拉图学园接受过良好的教育，于公元前234年担任亚历山大图书馆的馆长。埃拉托色尼完成了一项杰出的工作——测出了地球半径，测量结果与现在的测量值只相差2%。

希帕蒂娅，曾在亚历山大科学院从事教学和研究工作。是亚历山大科学院最后一位重要的天文学家、数学家和哲学家，也是希腊化时代唯一一位女科学家。

拉瓦锡，近代化学的奠基者，建立了化学研究中准确测量的规范，推翻了燃素说，发现了化学变化中的质量守恒，确立了化学命名法。图为著名画家雅克－路易·大卫1788年创作的油画《拉瓦锡夫妇肖像》。

威廉·赫歇尔，英国皇家学会会员，乔治三世国王的私人天文学家，借助望远镜发现了天王星，被誉为“恒星天文学之父”。

墨子，名翟，春秋末期战国初期宋国人。是墨家学派的创始人，也是战国时期著名的思想家、教育家、科学家。墨子关于物理学的研究涉及力学、光学、声学等领域。

张衡，字平子，东汉时期杰出的天文学家、数学家、发明家、地理学家、文学家。张衡发明了浑天仪、地动仪，是东汉中期浑天说的代表人物之一。由于他在天文学方面的贡献突出，联合国天文组织将月球背面的一个环形山命名为“张衡环形山”，将太阳系中的1802号小行星命名为“张衡星”。

沈括，字存中，号孟溪丈人，北宋政治家、科学家、思想家、文学家。是中国科学史历程中最卓越的人物之一，是一位勤劳而富于创造精神和奋斗精神的科学工作者。他毕其一生致力于科学研究，在众多学科领域都有很深的造诣和卓越的成就。

李时珍，字东璧，晚年自号濒湖山人，明朝著名医药学家。他出生于医生世家，一生专心研究医药学。1552年开始编写《本草纲目》，1578年完稿，历时27年。《本草纲目》“虽名医书，实该物理”，内容包括博物学、植物学和生物学等。

郭守敬，字若思，元朝天文学家、数学家、水利工程专家。郭守敬参与制定的《授时历》除了在天文数据上的进步之外，在计算方法方面也有重大的创造与革新。他一生中制作的天文仪器不少于20种，其中17种是他在参与编制《授时历》时制成的。

宋应星，字长庚，明朝著名的科学家。他学识渊博、著述众多，对于文学、历史、语言和科学技术都有研究，所著的《天工开物》被誉为“中国17世纪的工艺百科全书”。

赵友钦，号缘督，元朝天文学家，对光的直线传播、小孔成像和照明度均有研究，所著的《革象新书》是宋末元初时期一部重要的天文学著作。

徐光启，字子先，号玄扈，明朝著名的政治家、思想家、科学家，其主要的科学成就涉及天文历法、数学、农学和军事等方面。他与意大利传教士利玛窦合作翻译并出版了《几何原本》，他编著的《农政全书》堪称农学史上集大成之作。